Nutritional
Assessment

영양판정 실습

이 책을 펴내면서

식생활의 풍요와 생활의 편리함이 불러들인 잘못된 영양관리로 일부 집단에서는 과다한 영양섭취로 인한 비만과 식생활 관련 만성 질환이 증가하고 있으며, 또 다른 일부의 집단에서 영양부족 현상이 나타남으로써 영양섭취의 양극화가 문제되고 있다. 따라서 백세시대 또는 장수시대라 불리는 요즘 고령화 및 고령사회로 진입하는 우리나라의 현 상황에서는 영양관리를 통한 국민 노후의 삶의 질 확보는 무엇보다도 국가 건강을 위한 중요 요소가 될 수 있다.

이에 국가는 개인의 체계적인 영양관리를 위한 국민영양관리법과 이에 따른 국민영양관리계획을 수립하고 시행하고 있다. 연령, 계측, 질병 등의 기준에 맞춘 영양관리 사업을 실시하도록 하는 법이 제정되고 영양식생활 관리를 위한 국가적 인식 개선과 교육 지원에 대한 정책이 마련되어, 국민의 영양과 건강을 증진시키고 삶의 질 향상에 이바지할 수 있는 토대를 구축할 수 있도록 보건소, 병원, 학교, 산업체, 복지시설과 헬스센터, 비만클리닉 등에서도 건강증진에 필요한 영양관리와 영양서비스 제공이 중요한 과제로 대두되었다. 따라서 국민영양관리 정책과 관련된 다양한 영양관리 사업과 개인별 맞춤 영양관리를 수행하는 영양전문가의 전문성 강화는 날이 갈수록 더욱 요구되고 있다. 이러한 시점에서 영양판정이라는 교과목은 영양에 대한 기본 이론과 활용지식을 습득한 영양전문가의 역할을 강화하는 필수 교과목으로 대학에서 더욱 중요하게 다루어질 필요가 있다.

영양판정이란 대상자의 기본 정보, 신체계측 자료, 식생활 관련 자료, 소변 및 혈액의 생화학적 분석자료, 임상 진단 자료 등 다양한 정보를 서로 연관시키고 종합하여 평가 대상자의 영양 및 건강상태에 대하여 진단하고 문제점을 분석하고 해석하는 일련의 과정으로서 이론보다는 실용위주의 학문이라 할 수 있다. 새로운 영양판정의 방법들이 지속적으로 개발되고 기준들이 꾸준히 개정되고 있는 가운데 이를 실제적으로 적용하는 것은 개인이나 집단의 단면적 영양판정을 넘어 국민영양관리 및 건강증진을 위한 현장 전문가의 의무의자 사명이 된다.

본 교재는 영양전문가를 양성하는 대학의 학과에서 개인 및 국가적 차원의 영양관리를 위한 영양평가 과정을 습득하고, 실제 현장에서 보다 효율적으로 적용할 수 있도록 구성하였다. 이론서와 실습서를 별도로 구성하여 영양전문가를 양성하는 대학 또는 기관의 입장에서 자율적 커리큘럼에 의한 체계적인 실습활동이 용이하도록 하였다. 특히 본 영양판정 실습서의 별도 발간은 영양판정이라는 학문을 접하는 학부생의 입장에서 전공지식을 습득하는 과정에서 단순 교재의 일각보다 이를 이해하고 향후 현장에서 적용 및 활용하는 데에 있어 실제적인 지침서가 되도록 하는데 의미가 있다.

내용 중 미흡한 점에 대한 조언과 충고는 적극적으로 수용하여 향후 더욱 완성도 높은 교재로 보완해 나갈 것은 약속드린다. 끝으로 이론서에 있어 본 실습서가 나오기까지 도움을 주신 여러분과 도서출판 효일의 사장님, 편집부에게 감사드린다.

저자 씀

영양판정 실습 Contents

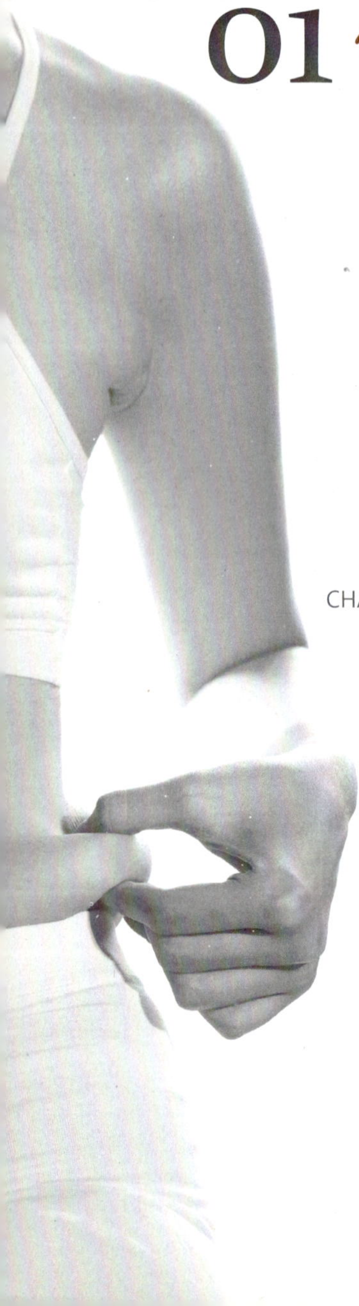

CHAPTER 01 식사섭취조사에 따른 영양판정 실습

CHAPTER 02 신체계측조사에 따른 영양판정 실습

CHAPTER

03 생화학적 검사에 따른 영양판정 실습

CHAPTER

04 임상조사에 따른 영양판정 실습

CHAPTER

05 사례연구

영양판정 실습

CHAPTER 01

식사섭취조사에 따른 영양판정 실습

1. 1인 1회 분량의 눈대중량과 실제 중량 익히기

2. 식사섭취 조사하기

    2.1. 24시간 회상법·식시기록법

    2.2. 식품섭취빈도법

3. 식품섭취 평가하기

    3.1. 한국인 영양소 섭취기준에 기준하여 평가하기

    3.2. 영양평가 프로그램 활용하여 평가하기

1 1인 1회 분량의 눈대중량과 실제 중량 익히기

섭취량 조사 시 눈대중량의 정확한 파악은 조사 내용의 타당성과 신뢰성 확보에 매우 중요하다. 본 실습을 통하여 자신의 눈대중량과 실제 중량의 관계를 파악한다.

준비물

식품(제시된 종류), 저울(각 조별 1개), 각종 용기, 젓가락, 숟가락 등

실습 방법

① 제시된 식품들에 대하여 각각 1인 1회 분량이라 생각하는 양만큼을 용기에 덜어 담는다.

② 용기에 담은 식품의 눈대중량을 A란에 적고, 잠정적으로 추정되는 추정 중량을 B란에 적는다.

③ 저울을 이용하여 실제 중량을 측정하고, 측정된 실측 중량을 C란에 적는다.

④ [2015 한국인 영양소 섭취기준]을 참고하여 식품군별 대표식품들의 1인 1회 분량을 D란에 적는다.

⑤ 실습결과와 1인 1회 분량의 간략한 비교 고찰 등을 E란에 적는다.

실습 예제

식품명		실습 결과			1인 1회 분량	
		A 눈대중량	B 추정 중량(g)	C 실측 중량(g)	D 분량(g)	E 비고
곡류	흰밥	1공기	240g	207g	210g	–
	백미	1/2컵	100g	92g	90g	–
	삶은 면					
	건면					
	떡국용 떡					
	식빵					
⋮		⋮				

실습하기

식품명		실습 결과			1인 1회 분량	
		A 눈대중량	B 추정 중량(g)	C 실측 중량(g)	D 분량(g)	E 비고
곡류	흰밥					
	백미					
	삶은 면					
	건면					
	떡국 떡					
	식빵					
고기 · 생선 · 달걀 · 콩류	쇠고기					
	닭고기					
	생선					
	콩					
	두부					
	달걀					
채소류	콩나물					
	시금치나물					
	배추김치					
	오이소박이					
	버섯					
	물미역					

식품명		실습 결과			1인 1회 분량	
		A 눈대중량	B 추정 중량(g)	C 실측 중량(g)	D 분량(g)	E 비고
과일류	사과					
	귤					
	참외					
	포도					
	수박					
	오렌지주스					
우유 · 유제품류	우유					
	치즈					
	호상요구르트					
	액상요구르트					
	아이스크림					
유지 · 당류	식용유					
	버터					
	마요네즈					
	커피믹스					
	설탕					
	꿀					

결과 고찰

Self test

식품군별 대표식품의 1인 1회 분량(g)과 눈대중량을 외워두는 것은 식사섭취조사의 순조로운 진행을 위해 필요한 역량이다. 본 테스트를 통해 각 분량에 보다 익숙해지도록 한다.

식품명		1인 1회 분량		식품명		1인 1회 분량	
		분량(g)	눈대중량			분량(g)	눈대중량
곡류	흰밥			과일류	사과		
	백미				귤		
	삶은 면				참외		
	건면				포도		
	떡국용 떡				수박		
	식빵				오렌지주스		
고기·생선·달걀·콩류	쇠고기			우유·유제품류	우유		
	닭고기				치즈		
	생선				호상요구르트		
	콩				액상요구르트		
	두부				아이스크림		
	달걀						
채소류	콩나물			유지·당류	식용유		
	시금치나물				버터		
	배추김치				마요네즈		
	오이소박이				커피믹스		
	버섯				설탕		
	불미역				꿀		

2 식사섭취 조사하기

본 실습을 통해 24시간 회상법, 식사기록법, 식품섭취빈도법을 직접 실행하고 결과를 비교한다.

2.1. 24시간 회상법 · 식사기록법

준비물

조사기록지, 펜, 섭취량 추정 보조기구(계량스푼, 계량컵, 자, 식품모델) 등

실습 방법

① 회상법과 식사기록법을 통해 피조사자 또는 본인의 식품섭취조사 자료를 수집한다.

- **24시간 회상법:** 섭취량 추정 보조기구를 활용하여 피조사자가 24시간 동안 섭취한 음식에 대한 자료를 수집·기록한다.
- **식사기록법(3일):** 본인의 식사섭취내용을 주중 2일, 주말 1일을 포함하여 3일간 그날 그날 기록한다.

② 수집·기록한 자료에 대해 누락 및 과소·과대 기록된 부분은 없는지 검토·고찰한다.

실습 예제

끼니 / 시간	음식명	섭취량	재료명	재료량	비 고
아침 (7시)	검정콩밥	1공기	검정콩	1큰 술 정도	
〃	〃	〃	백미	1/2컵 정도	
	시금치된장국	1대접	시금치	1/3컵 정도	
	콩나물무침	1접시	콩나물	1/2컵 정도	
	〃	〃	들기름	1/3작은 술 정도	

실습하기①_24시간 회상법

▸ 조사일 : 월 일 이 름 :

끼니 / 시간	음식명	섭취량	재료명	재료량	비 고

- 24시간 회상법 및 식사기록법 조사에서 다음과 같은 추가 질문을 활용하여 평소의 식습관에 대한 정보를 추가로 얻을 수도 있다.

추가 질문

1. 기록한 식사가 일상적인 식사입니까? □ 예 □ 아니오

2. 아니라면 보통 때 식사와의 차이를 기록해 주십시오.

____

____

3. 영양제를 복용하는 것이 있습니까? □ 예 □ 아니오

4. 영양제를 복용한다면 어떤 것입니까?(상표명도 기입)

   □ 복합 비타민 ______________________________

   □ 철분제 ______________________________

   □ 비타민 ______________________________

   □ 기타 ______________________________

5. 1일 몇 회 어느 정도 복용하십니까? 1일 ___회 ___점(포)

6. 평소의 식욕은 어떻습니까? □ 아주 좋다 □ 그저 그렇다 □ 나쁘다

7. 평소의 식사와 간식 패턴은 어떻습니까? □ 규칙적 □ 불규칙적

8. 평소의 식사 섭취 횟수는 어떻습니까?

   식사 횟수 : __________ 회

   간식 횟수 : __________ 회

   음료 섭취 : __________ 병(또는 통) / 주로 섭취하는 음료명 : __________

실습하기② 식사기록법

▸ 조사일 : 월 일(1일차)

끼니 / 시간	음식명	섭취량	재료명	재료량	비 고

▸ 조사일 :　　　월　　　일(2일차)

끼니 / 시간	음식명	섭취량	재료명	재료량	비 고

▸ 조사일 : 월 일(3일차)

끼니 / 시간	음식명	섭취량	재료명	재료량	비 고

Memo

2.2. 식품섭취빈도법

준비물

조사기록지, 펜, 섭취량 추정 보조기구(계량스푼, 계량컵, 자, 식품모델) 등

실습 방법

① 식품섭취빈도법 조사지에 기재된 식품에 대해 섭취빈도를 체크한다.
② 식품별 평소 섭취량을 보조기구를 이용하여 추정 기록한다.
③ 수집·기록한 자료에 대해 누락 및 과소·과대 기록된 부분은 없는지 검토·고찰한다.

실습 예제

식품명 \ 섭취빈도		1일			1주			1달		거의 안 먹음	평소 섭취량
		3	2	1	5~6	3~4	1~2	2~3	1		
곡류	쌀	√									2/3공기
	잡곡									√	
	라면						√				1봉지
	국수								√		1대접
	빵류						√				머핀 1개
	떡류						√				인절미 3개
	과자류					√					1봉지
두부·서류	두부			√							1/5모
	콩류						√				20g
	두유									√	
	감자				√						中 1개
	고구마									√	
육류·난류	쇠고기					√					60g
	닭고기					√					60g
	돼지고기					√					60g
	햄, 베이컨, 소시지					√					60g
	〃										

실습하기_식사섭취빈도법

식품명 ＼ 섭취빈도		1일			1주			1달		거의 안 먹음	평소 섭취량
		3	2	1	5~6	3~4	1~2	2~3	1		
곡류	쌀										
	잡곡										
	라면										
	국수										
	빵류										
	떡류										
	과자류										
두부·서류	두부										
	콩류										
	두유										
	감자										
	고구마										
육류·난류	쇠고기										
	닭고기										
	돼지고기										
	햄, 베이컨, 소시지										
	달걀										
어패류	고등어										
	참치										
	조기										
	명태										
	멸치										
	어묵류										
	오징어										
	조개류										
	젓갈류										

식품명 \ 섭취빈도		1일			1주			1달		거의 안 먹음	평소 섭취량
		3	2	1	5~6	3~4	1~2	2~3	1		
채소류	배추										
	무										
	무청										
	콩나물										
	시금치										
	오이										
	고추										
	당근										
	호박										
	양배추										
	토마토										
	버섯류										
해조류	미역										
	김										
과일류	귤										
	감, 곶감										
	배										
	수박										
	참외										
	딸기										
	포도										
	복숭아										
	사과										
	바나나										
	오렌지										

섭취빈도 / 식품명		1일			1주			1달		거의 안 먹음	평소 섭취량
		3	2	1	5~6	3~4	1~2	2~3	1		
유제품	우유										
	요구르트										
	아이스크림										
음료	탄산음료										
	커피										
	녹차										
주류	맥주										
	소주										
	막걸리										
기타	햄버거										
	피자										
	튀긴 음식										

결과 고찰

24시간 회상법, 식사기록법, 식품섭취빈도법을 통한 식사섭취 조사자료를 비교하여 고찰해본다.

3 식품섭취 평가하기

식사섭취 조사자료는 궁극적으로 개인이 섭취한 식품의 영양소 구성, 특정 영양소의 섭취량에 대한 정보를 평가하는 데 그 목적이 있다. 본 실습을 통해 실습생은 수집된 식사섭취 조사자료를 분석함으로써 식품섭취 상태를 평가해본다.

3.1. 한국인 영양소 섭취기준에 기준하여 평가하기

에너지필요추정량 산출

에너지필요추정량은 성인의 경우 총에너지소비량으로 규정된다. 영·유아, 아동 및 청소년은 총에너지소비량에 성장에 소요되는 에너지가 부가되며, 임신 여성의 경우 임신으로 인한 에너지소비량 증가분과 모체조직 성장에 요구되는 에너지 축적량이 합산된다. 수유부는 수유기간 중 에너지 소비량의 변화, 모유 분비에 요구되는 에너지로부터 부가량이 추정되었다. 아래 표의 공식에 따라 개인의 에너지 필요추정량을 산출해본다.

<table>
<tr><th colspan="2" rowspan="2">연령</th><th colspan="2">에너지필요추정량(EER, Kcal/일)</th></tr>
<tr><th>총에너지소비량(TEE)</th><th>생애주기별 부가량</th></tr>
<tr><td rowspan="2">영아</td><td>0-5 (개월)</td><td rowspan="2">89×체중(kg)-100</td><td>+115.5</td></tr>
<tr><td>6-11 (개월)</td><td>+22</td></tr>
<tr><td rowspan="2">유아</td><td>1-2 (세)</td><td>[89×체중(kg)-100]+20</td><td></td></tr>
<tr><td>3-5 (세)</td><td rowspan="2">남: 88.5-61.9×연령(세)+PA[26.7×체중(kg)+903×신장(m)]+20
PA = 1.0(비활동적), 1.13(저활동적), 1.26(활동적), 1.42(매우 활동적)
여: 135.3-30.8×연령(세)+PA[10.0×체중(kg)+934×신장(m)]+20
PA = 1.0(비활동적), 1.16(저활동적), 1.31(활동적), 1.56(매우 활동적)</td><td></td></tr>
<tr><td rowspan="2">아동</td><td>6-8 (세)</td><td></td></tr>
<tr><td>9-11 (세)</td><td rowspan="3">남: 88.5-61.9×연령(세)+PA[26.7×체중(kg)+903×신장(m)]+25
PA = 1.0(비활동적), 1.13(저활동적), 1.26(활동적), 1.42(매우 활동적)
여: 135.3-30.8×연령(세)+PA[10.0×체중(kg)+934×신장(m)]+25
PA = 1.0(비활동적), 1.16(저활동적), 1.31(활동적), 1.56(매우 활동적)</td><td></td></tr>
<tr><td rowspan="2">청소년</td><td>12-14 (세)</td><td></td></tr>
<tr><td>15-18 (세)</td><td></td></tr>
</table>

<table>
<tr><th colspan="2" rowspan="2">연령</th><th colspan="3">에너지필요추정량(EER, Kcal/일)</th></tr>
<tr><th>총에너지소비량(TEE)</th><th colspan="2">생애주기별 부가량</th></tr>
<tr><td rowspan="4">성인</td><td rowspan="4">19세 이상</td><td rowspan="4">남: 662−9.53×연령(세)+PA[15.91×체중(kg)+539.6×신장(m)]
PA = 1.0(비활동적), 1.11(저활동적), 1.25(활동적), 1.48(매우 활동적)
여: 354−6.91×연령(세)+PA[9.36×체중(kg)+726×신장(m)]
PA = 1.0(비활동적), 1.12(저활동적), 1.27(활동적), 1.45(매우 활동적)</td><td rowspan="3">임신부</td><td>1분기: +0</td></tr>
<tr><td>2분기: +340</td></tr>
<tr><td>3분기: +450</td></tr>
<tr><td>수유부</td><td>+340</td></tr>
</table>

▸ 이름 : ____________________ 키 : ________________(m) 체중 : ________________(kg)

신체활동단계별 계수(PA) : ________________

▸ 에너지필요추정량 계산

권장식사패턴의 섭취 횟수 확인

한국인 영양소 섭취기준에서는 성별·연령별 에너지필요추정량을 근거로 한 기준에너지를 제시하고, 이에 도달하기 위한 권장식사패턴을 작성하였다. 기준에너지에 따른 권장식사패턴의 식품군별 섭취횟수를 기준으로 하여 개인의 식사섭취 상태를 개략적으로 평가할 수 있다.

① 앞에서 산출된 에너지필요추정량에 해당되는 개인의 권장식사패턴을 아래 표에서 확인한다.

남자			여자		
연령(세)	에너지 필요추정량	권장식사패턴	연령(세)	에너지 필요추정량	권장식사패턴
1-2	1,000	1,000	1-2	1,000	1,000
3-5	1,400	1,400A	3-5	1,400	1,400A
6-8	1,700	1,700A	6-8	1,500	1,500A
9-11	2,100	2,100A	9-11	1,800	1,800A
12-14	2,500	2,500A	12-14	2,000	2,000A
15-18	2,700	2,700A	15-18	2,000	2,000A
19-29	2,600	2,600B	19-29	2,100	2,100B
30-49	2,400	2,400B	30-49	1,900	1,900B
50-64	2,200	2,200B	50-64	1,800	1,800B
65-74	2,000	2,000B	65-74	1,600	1,600B
75 이상	2,000		75 이상	1,600	

② 개인에게 맞는 권장식사패턴의 식품군별 섭취횟수를 확인한다. (섭취 횟수: 1인 1회 분량 기준)

A 타입						
열량(kcal)	곡류	고기·생선 달걀·콩류	채소류	과일류	우유·유제품	유지·당류
1,000	1	1.5	4	1	2	3
1,100	1.5	1.5	4	1	2	3
1,200	1.5	2	5	1	2	3
1,300	1.5	2	6	1	2	4
1,400	2	2	6	1	2	4
1,500	2	2.5	6	1	2	5
1,600	2.5	2.5	6	1	2	5
1,700	2.5	3	6	1	2	5
1,800	3	3	6	1	2	5
1,900	3	3.5	7	1	2	5

2,000	3	3.5	7	2	2	6
2,100	3	4	8	2	2	6
2,200	3.5	4	8	2	2	6
2,300	3.5	5	8	2	2	6
2,400	3.5	5	8	3	2	6
2,500	3.5	5.5	8	3	2	7
2,600	3.5	5.5	8	4	2	8
2,700	4	5.5	8	4	2	8
2,800	4	6	8	4	2	8

B 타입						
열량(kcal)	곡류	고기·생선 달걀·콩류	채소류	과일류	우유·유제품	유지·당류
1,000	1.5	1.5	5	1	1	2
1,100	1.5	2	5	1	1	3
1,200	2	2	5	1	1	3
1,300	2	2	6	1	1	4
1,400	2.5	2	6	1	1	4
1,500	2.5	2.5	6	1	1	4
1,600	3	2.5	6	1	1	4
1,700	3	3.5	6	1	1	4
1,800	3	3.5	7	2	1	4
1,900	3	4	8	2	1	4
2,000	3.5	4	8	2	1	4
2,100	3.5	4.5	8	2	1	5
2,200	3.5	5	8	2	1	6
2,300	4	5	8	2	1	6
2,400	4	5	8	3	1	6
2,500	4	5	8	4	1	7
2,600	4	6	9	4	1	7
2,700	4	6.5	9	4	1	8

1. 곡류: 식이섬유 섭취를 늘이기 위해서 잡곡류 사용을 권장함
2. 고기·생선·달걀·콩류: 고기의 경우 살코기 기준, 지방함량이 높은 식품을 이용할 경우 유지류를 추가 사용하는 것으로 간주해야 함
3. 채소류: 소금 5g 이하의 영양목표를 달성하기 위해 가능한 싱겁게 조리하도록 함
4. 나트륨: 국, 찌개류의 경우 건더기 위주로 섭취하도록 함
5. 과일류: 식이섬유 섭취를 늘이기 위해 주스 보다는 생과일 섭취를 권장함
6. 우유·유제품류: 단순당질이 적게 함유된 제품을 권장함
7. 유지·당류: 조리 시 사용되는 양도 섭취 횟수 범위 내에서 사용하도록 함
8. 양념류: 이미 사용량이 포함되어 있음. 간장, 고추장, 된장, 소금 등의 조미료류를 말하며 50-85kcal 사용된 것으로 계산함

실습 예제

끼니	음식	재료	섭취량	1회 섭취 분량 수					
				곡류	고기·생선 달걀·콩류	채소류	과일류	우유·유제품류	유지·당류
아침	쌀밥	쌀밥	210g	1					
	미역국	미역	15g			0.5			0.5
	달걀찜	달걀	60g		1				
	배추김치	배추김치	40g			1			
점심	달걀샌드위치	식빵	100g	1					
		달걀	30g		0.5				0.5
		우유	200mL					1	
저녁	쌀밥	쌀밥	210g	1					
	콩나물국	콩나물	35g			0.5			
	제육볶음	돼지고기	120g		2				1
		양파	35g			0.5			
	배추김치	배추김치	40g			1			
1회 섭취 분량 합계				3	3.5	3.5	0	1	2
권장식사패턴 (1,900B)				3	4	8	2	1	4

실습하기

끼니	음식	재료	섭취량	1회 섭취 분량 수					
				곡류	고기·생선 달걀·콩류	채소류	과일류	우유·유제품류	유지·당류
1회 섭취 분량 합계									
권장식사패턴 ( )									

결과 고찰

3.2. 영양평가 프로그램 활용하여 평가하기

준비물

CAN-pro 5.0, PC, 식사섭취 조사자료(24시간 회상법, 식품섭취빈도법)

실습 방법

① PC에서 CAN-pro 5.0에 로그인한다.
② 수집된 식사섭취 조사자료(24시간 회상법, 식품섭취빈도법)를 입력한다.
③ 분석된 결과물을 확인·요약한다.

참고자료 CAN-pro를 이용하여 산출 가능한 결과물

▸ 24시간 회상법 결과물

- DRIs분석: 식사군별 영양소 섭취량을 영양소 섭취기준과 비교하여 막대그래프로 제시해준다. 다량 영양소, 지용성 비타민, 수용성 비타민, 다량 무기질, 미량 무기질별 평가를 확인할 수 있다.
- 동·식물성 급원 섭취: 단백질, 지질, 칼슘, 철의 경우 식사군별로 동·식물성 급원의 섭취비율을 그래프와 표로 확인할 수 있다.
- 식품군별 영양소: 각 영양소의 식품군별 섭취량과 식사군별 각 식품군의 섭취 개수를 확인할 수 있다.
- 열량 영양소 구성: 식사군별 단백질, 지질, 탄수화물의 섭취비율을 확인할 수 있다.
- 식사군 기여율: 각 영양소의 식사군별 섭취량과 비율을 원그래프로 확인할 수 있다.
- 기간별 영양소 섭취: 입력된 데이터 중 선택한 기간 동안의 영양소 섭취량 변화를 평균 섭취량과 비교하여 꺾은선 그래프로 확인할 수 있다.
- 현재 사용자 일별 영양소: 입력된 데이터 중 선택한 일자의 각 영양소 섭취량을 확인할 수 있다.
- 그룹 전체 일별 영양소: 입력된 데이터 중 선택한 그룹의 각 영양소 섭취량을 확인할 수 있다.

▸ 식품섭취빈도법 결과물

- 개인섭취빈도결과: 섭취빈도 데이터를 1일 섭취량으로 환산하여 계산된 결과를 확인할 수 있다.
- DRIs분석: 섭취빈도 데이터를 1일 섭취량으로 환산한 값을 영양소 섭취기준과 비교하여 그래프로 확인할 수 있다.
- 그룹 전체 섭취빈도 결과: 입력된 데이터 중 선택한 그룹의 섭취빈도 데이터를 1일 섭취량으로 환산하여 계산된 결과를 확인할 수 있다.

평가결과 요약 ①_24시간 회상법

평가결과 요약 ②_식품섭취빈도법

더 생각해보기 식행동 및 식습관 조사결과 함께 보기

식행동이나 식습관 조사는 24시간 회상법 또는 식사기록법의 보조자료로써, 특별한 식습관이나 식행동 등을 파악하여 영양 개선 계획의 기본 자료로 활용 될 수 있다. 조사자는 24시간 회상법 또는 식사기록법 조사 과정에서 다음과 같은 질문을 더 할 수 있다.

- ☑ 식사는 늘 배부르게 먹는 편입니까?
- ☑ 늘 일정한 시간에 식사를 합니까?
- ☑ 식사 속도는 어떠합니까?
- ☑ 과식을 하는 경우가 있습니까?
- ☑ 건강식품, 비타민제 등을 복용하십니까? 복용하신다면 섭취종류와 빈도, 양은 어떻습니까?
- ☑ 1주일에 운동은 얼마나 하십니까?
- ☑ 술을 자주 드십니까? 음주 섭취 빈도와 회당 음주량은 어느 정도입니까?
- ☑ 담배를 피우십니까? 하루에 몇 개비정도 피우십니까?
- ☑ 1주일에 외식은 얼마나 하십니까?
- ☑ 좋아하는 음식과 싫어하는 음식은 무엇입니까?
- ☑ 식품알레르기가 있습니까?
- ☑ 평소 짜게 먹는 편입니까?

더 해보기 간이법에 의한 조사와 영양소 섭취량 추정

다음의 조사지를 이용하여 별도의 영양평가 프로그램 없이 평소 식생활을 통한 영양소 섭취 수준을 파악해 볼 수 있다. 다음에 제시된 환산방법을 이용하여 영양소 섭취량 환산표를 작성하여 섭취 수준을 평가해본다.

① 평소 섭취 상황 체크 및 환산점수 합계 내기

1	2	3	4	5	6	7
고기·생선·달걀·콩류	우유·유제품류	채소류	과일류	곡류	당류	유지류

1. 고기, 생선, 콩류 및 그 제품(두부) 등을 얼마나 먹습니까?

* 보통 섭취는 생선 중간 크기 1토막, 육류 구이용 3~4점, 닭다리 1토막

	0 안 먹는다	0.5 약간 섭취	1.0 보통 섭취	2.0 충분히 섭취
아침				
점심				
저녁				

→

2. 하루에 달걀를 얼마나 드십니까?

* 달걀 1개 : 60g

삶은 달걀인지 또는 프라이 달걀인지 명시하시오. 삶은 것 □

(프라이의 경우 15항에 가산) 프라이 □

0	0.5	1.0	2.0
□ 안 먹는다	□ 가끔 섭취	□ 1개 정도	□ 2개 이상

→

3. 우유는 하루에 얼마나 드십니까?

* 우유 1팩은 200㎖

0	0.5	1.0	2.0
□ 안 마신다	□ 가끔 마심	□ 매일 1컵	□ 2컵 이상

→

4. 유제품으로 매일 먹는 것이 있습니까?

요거트/요플레	1.0/1통(100g/1통)	→
치즈*	1.0/1장 또는 30g 정도	→

5. 아침(점심, 저녁)에 주로 나물이나 채소를 얼마나 드십니까?

* 보통 섭취 : 시금치, 콩나물, 숙주 등 익힌 채소 1/3컵, 당근 중간 크기 5cm 길이 1토막, 고추 중간 것 7~8개

	0 안 먹는다	0.3 약간 섭취	0.5 보통 섭취	1.0 충분히 섭취
아침				
점심				
저녁				

→

1	2	3	4	5	6	7
고기·생선·달걀·콩류	우유·유제품류	채소류	과일류	곡류	당류	유지류

6. 김치류는 어느 정도 드십니까?

* 보통 섭취 : 1작은접시 정도

	0 안 먹는다	0.3 약간 섭취	0.5 보통 섭취	1.0 충분히 섭취
아침				
점심				
저녁				

7. 주식으로 무엇을 얼마나 드십니까?

	0 안 먹음	밥 4.0/공기	식빵 1.0/쪽	국수 삶은 것 2.0/반 대접
아침		공기	쪽	그릇
점심		공기	쪽	그릇
저녁		공기	쪽	그릇

8. (빵을 드시는 분만) 빵을 드실 때 무엇을 바르십니까?

	0 안 바른다	0.5 엷게 바른다	1.0 많이 바른다
버터, 마가린			
잼, 꿀			

9. 하루에 감자, 고구마 조림이나 삶은 것을 얼마나 드십니까?

* 감자 중간 크기 1개, 고구마 중간 크기 1/2개

0 □ 거의 안 먹음	0.5 □ 보통 먹음	1.0 □ 거의 먹음

10. 조리할 때 설탕, 꿀 등을 얼마나 넣습니까?

0 □ 거의 사용 안 함	0.5 □ 약간 사용	1.0 □ 빈번히 사용

11. 커피 등의 차에 설탕은 얼마나 넣으십니까?

0 □ 안 넣음	0.2 □ 작은찻술 1	0.3 □ 작은찻술 2	0.5 □ 작은찻술 3 이상

12. 탄산음료를 얼마나 드십니까?

0 □ 안 마심	0.5 □ 가끔 마심	1.0 □ 하루 1잔 정도	1.0/잔 (　　잔) □ 하루 2잔 이상

13. 기타 빵이나 과자를 얼마나 드십니까?

0 □ 거의 안 먹음	0.5 □ 가끔 먹은	1.0 □ 매일 먹음

	1	2	3	4	5	6	7

14. 하루에 과일은 얼마나 드십니까?

* 보통 섭취 : 사과 중간 크기 1개, 배 중간 크기 1/2개, 귤 큰 것 1개, 토마토 1개, 수박 1쪽, 딸기 중간 크기 20알, 참외 중간 크기 1개

0	0.5	1.0	2.0	
□ 안 먹는다	□ 가끔 섭취	□ 1개 정도	□ 2개 이상	→ (4)

15. 마요네즈 드레싱, 튀긴 것, 볶은 것 등 기름을 사용한 음식을 하루에 얼마나 드십니까?

0	0.5	1.0	2.0	
□ 거의 먹지 않음	□ 가끔 먹음	□ 하루 1번	□ 하루 2회 이상	→ (7)

합 계						

② 영양소 환산표 작성하기

▶ 이름 : ____________ 연령 : __________(세) 키 : __________(m) 체중 : __________(kg)

▶ **환산표 작성방법**

A. 간이법 조사지의 각 항목을 표시하면서 설문지란에 있는 점수를 군별 점수란에 기입한다.
B. 조사지의 합계란에 각 식품군별 점수를 모두 합하여 기록한다.
C. 영양섭취조사평가지 환산표의 점수항목에 (1)~(7)군까지의 합계 점수를 기입한다.
D. 각 식품군별 환산점수를 곱하여 영양소의 수치로 계산 기록한다.
E. 열량가는 탄수화물과 단백질은 섭취점수의 합계에 4를 곱하고, 지방은 9를 곱하여 산출한다.

식품군별 영양소 함량

영양소	육류	우유	채소류	과실류	곡류	당류	유지류
단백질(g)	9	5	3	1	2	0	0
지질(g)	3	3	1	0.7	1	0	9
탄수화물(g)	3	8	7	19	17	20	0
칼슘(mg)	50	110	75	27	8	0	0
인(mg)	110	95	65	30	27	0	0
철(mg)	1.80	0.20	1.88	1.00	0.25	0	0
티아민(mg)	0.10	0.04	0.11	0.07	0.02	0	0
리보플라빈(mg)	0.12	0.14	0.18	0.05	0.03	0	0
니아신(mg NE)	2.34	0.16	1.22	0.80	0.35	0	0
비타민 C(mg)	0	2	33	35	0	0	0

알코올 음료의 열량가

알코올 음료(100mL당)	열량(Kcal)	단백질(g)	당질(g)	알코올 농도(%)
맥주	48	0.6	4.4	4
소주	173	0	0	25
위스키	277	0	0	40
청주	111	0.5	5	16
포도주	83	0.3	0.7	12

ex) 맥주 1캔이 355mL라면 맥주에서 얻는 열량은?

- ☑ 알코올로부터 유래된 열량 : 355mL × 0.04 = 14.2mL(alcohol)
  14.2mL × 7 = 99.4kcal ....(a)
- ☑ 단백질로부터 유래된 열량 : 3.55mL × 0.6 × 4 = 8.52kcal ....(b)
- ☑ 당질로부터 유래된 열량 : 3.55mL × 4.4 × 4 = 62.48kcal ....(c)
- ☑ (a) + (b) + (c) = 170.4kcal

환산표

식품군 / 영양소	육류	우유	채소류	과실류	곡류	당류	유지류	알코올	점수 합계	열량	섭취 총열량
점수											
단백질(g)											
지질(g)											
탄수화물(g)											
칼슘(mg)											
인(mg)											
철(mg)											
티아민(mg)											
리보플라빈(mg)											
니아신(mg NE)											
비타민 C(mg)											
알코올	열량가 계산하여 가산										

결과 고찰

영양판정 실습

CHAPTER 02

신체계측조사에 따른 영양판정 실습

1. 신장 및 체중 측정하기
2. 비만 판정하기
3. 신체구성 성분 측정하기

1 신장 및 체중 측정하기

신장과 체중은 신장계와 체중계를 이용하여 쉽게 측정할 수 있다. 그러나 누워 지내는 환자나 움직이지 못하는 환자는 일반적인 방법으로 측정하기가 어려울 수 있다. 이 경우 여러 추정식들에 의하여 신장 또는 체중을 추정할 수 있다. 본 실습을 통해 양팔을 한껏 벌렸을 때의 너비, 무릎 높이, 앉은 키, 상완위 둘레, 장딴지 둘레, 피하지방 두께 등의 계측치를 이용하여 신장과 체중을 추정해보고 이를 직접 측정한 신장, 체중과 비교·고찰해 본다.

준비물

신장계, 체중계, 앉은 키 측정기, 줄자, 삼각자, 펜, 캘리퍼 등

실습 방법

① 앉은 키 측정기, 줄자, 삼각자, 캘리퍼를 이용하여 양팔을 한껏 벌렸을 때의 너비, 앉은 키, 무릎 높이, 상완위 둘레, 장딴지 둘레, 어깨뼈 밑 피하지방 두께를 측정한다.
② 신장과 체중의 실측이 어려울 때 사용하는 각 추정식을 확인한다.
③ 각 추정식에 따라 신장과 체중을 추정하여 기록한다.
④ 신장계와 체중계를 이용하여 실제 신장과 체중을 실측한다.
⑤ 추정식으로 산출된 추정치와 실측치간의 오차를 비교하고 결과를 고찰한다.

신장 및 체중 추정공식

▸ 신장의 추정

A. 양팔을 한껏 벌렸을 때의 너비에 의한 추정	키(cm) = 양팔을 한껏 벌렸을 때의 너비(cm)
B. 앉은 키에 의한 추정	키(cm) = 앉은 키(cm)×11÷6
C. 무릎 높이에 의한 추정	남자: 키(cm) = (2.02×무릎높이)−(0.04×나이)+64.19 여자: 키(cm) = (1.83×무릎높이)−(0.24×나이)+84.88

☑ 양팔을 한껏 벌렸을 때의 너비

양손을 좌우로 빗장뼈 높이까지 수평으로 일직선으로 펼쳤을 때, 오른손 중지 끝에서부터 왼손 중지 끝까지의 길이를 말한다.

▸ 체중의 추정(Grant 계산식에 의한 예측 체중)

남자	체중(kg) = [0.98×상완위 둘레(cm)]+[1.27×장딴지 둘레(cm)] +[0.40×견갑골 하부 피부 두겹 두께(mm)]+[0.87×무릎높이(cm)]−62.35
여자	체중(kg) = [1.73×상완위 둘레(cm)]+[0.98×장딴지 둘레(cm)] +[0.37×견갑골 하부 피부 두겹 두께(mm)]+[1.16×무릎높이(cm)]−81.69

실습하기

▸ 필요 계측치

	1차	2차	3차	평균	비고
A. 실제 신장(cm)					
B. 실제 체중(kg)					
C. 양팔을 한껏 벌렸을 때의 너비(cm)					
D. 앉은 키(cm)					
E. 무릎 높이(cm)					
F. 상완위 둘레(cm)					
G. 장딴지 둘레(cm)					
H. 견갑골 하부 피부 두겹 두께(mm)					

참고자료 측정 방법

무릎 높이

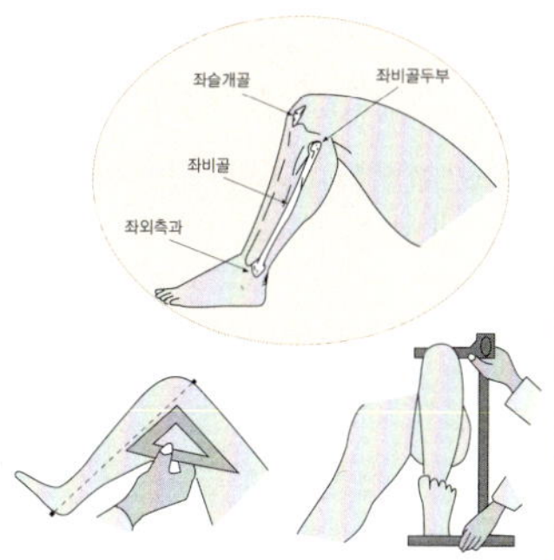

상완위 둘레

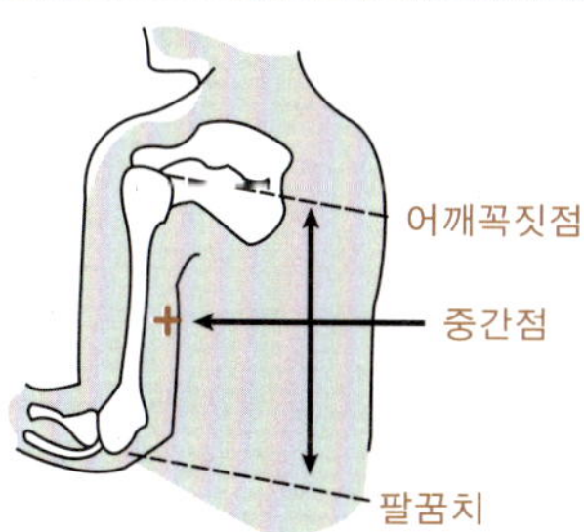

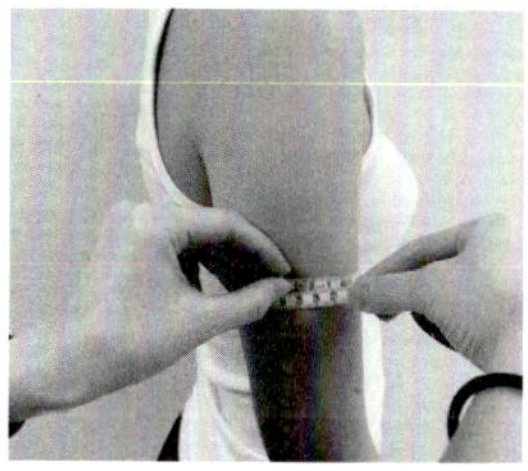

견갑골 하부 피부 두겹 두께

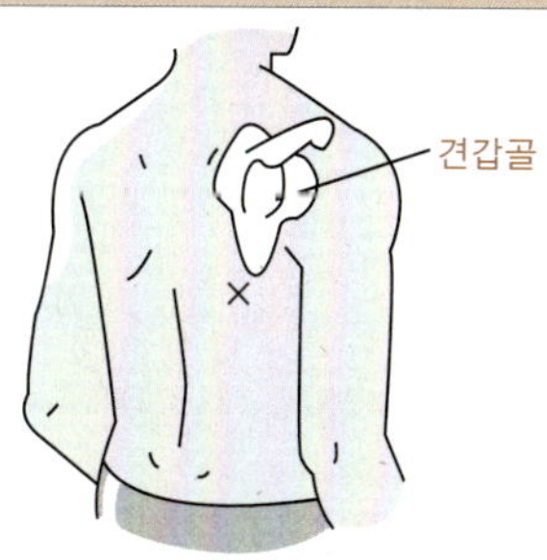

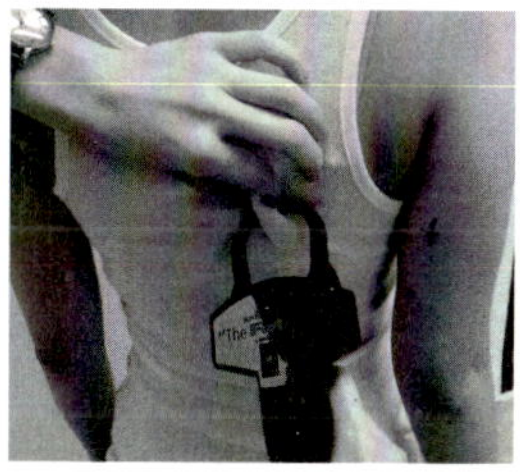

▶ 신장 추정하기

	추정식	산출값 (cm)	실제 신장 (cm)	오차 (cm)
양팔을 한껏 벌렸을 때의 너비에 의한 추정				
앉은 키에 의한 추정				
무릎 높이에 의한 추정				

▶ 체중 추정하기(Grant 계산식에 의한 예측 체중)

	추정식	산출값 (kg)	실제 체중 (kg)	오차 (kg)
남자				
여자				

결과고찰

2 비만 판정하기

신장과 체중은 여러 가지 판정지수에 대입되어 비만 판정에 간단하게 활용되어 진다. 흔히 비만지수, 상대체중, 체질량지수, 카우프지수, 뢰러지수 등이 신장과 체중을 이용한 지수들이다. 본 실습을 통해 여러 판정지수들을 사용하여 값을 산출하고, 이에 대해 판정기준에 기준하여 판정해 본 후 그 결과를 고찰해본다.

각종 판정 지수

판정지수명	계산식	판정기준		적용대상
비만지수	[실제 체중(kg) − 표준체중(kg)] / 표준체중(kg) × 100	+20% 이상 +11~+19% ±10% −11~−19% −20% 이하	비만 과체중 바람직한 체중 마름, 체중부족 매우 마름	성 인
상대체중 (PIBW)	실제 체중(kg) / 표준체중(kg) × 100	120 이상 110~119 90~109 80~89 80 미만	비만 과체중 바람직한 체중 마름, 체중부족 매우 마름	성 인
체질량지수 (BMI)	체중(kg) / 신장$(m)^2$	35 이상 30.0~34.9 25.0~29.9 23.0~24.9 18.5~22.9 18.5 미만	고도비만 중등도비만 경도비만 과체중 정상 저체중	성 인
카우프지수 (Kaup)	체중(g) / 신장$(cm)^2$ × 10 ( )는 1~2세 판정기준	20(18.5) 이상 18~20(17~18.5) 15~18(14~17) 15 이하(14 이하)	비만 비만경향 정상 영양불량	2세 미만
뢰러지수 (Röhrer)	체중(kg) / 신장$(cm)^3$ × 10^7	157 이상 140~156 110~139 92~109 92 미만	고도비만 비만 정상 마름 매우 마름	3세 이상 학령기

☑ 표준체중 산출 방법

Broca 변법

신장이 161cm 이상인 경우: 표준 체중(kg) = [신장(cm) − 100] × 0.9

신장이 150~160cm인 경우: 표준 체중(kg) = [신장(cm) − 150] ÷ 2 + 50

신장이 150cm 미만인 경우: 표준 체중(kg) = [신장(cm) − 100]

체질량지수 이용

남자: 표준체중(kg) = 키$(m)^2$ × 22

여자: 표준체중(kg) = 키$(m)^2$ × 21

실습하기

<table>
<tr><td>신장</td><td></td><td>체중</td><td>kg</td><td>연령</td><td>세</td><td>성별</td><td></td></tr>
<tr><td colspan="4" rowspan="2">표준체중</td><td>추정식</td><td colspan="3"></td></tr>
<tr><td>산출값</td><td colspan="3"></td></tr>
<tr><td colspan="4">비만판정방법</td><td colspan="4">판정결과</td></tr>
<tr><td rowspan="2">비만지수</td><td>추정식</td><td colspan="2"></td><td colspan="4" rowspan="2"></td></tr>
<tr><td>산출값</td><td colspan="2"></td></tr>
<tr><td rowspan="2">상대체중
(PIBW)</td><td>추정식</td><td colspan="2"></td><td colspan="4" rowspan="2"></td></tr>
<tr><td>산출값</td><td colspan="2"></td></tr>
<tr><td rowspan="2">체질량지수
(BMI)</td><td>추정식</td><td colspan="2"></td><td colspan="4" rowspan="2"></td></tr>
<tr><td>산출값</td><td colspan="2"></td></tr>
</table>

3 신체구성 성분 측정하기

첫째, 신체 지방 성분을 측정하는 두 가지 방법(피부 두겹 두께 측정법 및 생체 전기저항 분석법)을 실습해 보고, 그 결과를 비교해본다. 생체 전기저항 분석법은 신체에 약한 교류 전류를 흐르게 할 때, 제지방조직은 전해질로 인해 전류를 전달하나, 지방조직은 전도가 안되어 저항을 받게 되는 것을 이용하는 원리로 피부 두겹 두께 측정법에 비해 특수 장비가 필요하다.

둘째, 신체 근육량을 상완 근육 면적(Arm muscle area)을 통해 측정한다. 상완 근육 면적은 신체 내 근육량(제지방 조직량, Lean body mass)의 지표로 흔히 측정되고 있으며 신체 내 근육 단백질 보유정도를 나타내준다.

본 실습을 통해 여러 가지 신체구성 성분 측정방법들을 사용하는 기술과 그 결과를 비교하여 판정하는 능력을 기른다.

준비물

생체 전기저항 분석법(bioelectrical impedence analysis), 소독용 알코올, 솜, electrode gel, 휴지, 줄자, 캘리퍼 등

실습 방법

피부 두겹 두께 측정법(skinfold thickness)**에 따른 체지방 측정_삼두근**

① 줄자를 이용하여 오른쪽 팔의 어깨 끝부터 팔꿈치까지의 중간 지점을 찾아 표시해 놓는다.

② 왼쪽 손 엄지와 검지를 이용하여 1㎝ 정도의 깊이로 피부 조직을 두겹이 되게 잡아 가볍게 들어올린다(들어 올린 피부 조직은 평행이 되어야 하며, 지방층이 두꺼울수록 들어 올려야 하는 면적은 넓어진다).

③ 캘리퍼를 오른손에 들고 들어 올린 피부 조직과 수직이 되도록 댄 후 피부 두겹 두께를 측정한다. 이때 피부 조직을 잡고 있는 왼손 엄지와 검지로부터의 압력이 측정치에 영향을 미치지 않도록 손으로 집어 올린 곳에서부터 1cm 정도 떨어져 측정한다.

④ 손을 풀었다가 다시 잡아 2번 반복 측정한다. 측정치를 [실습하기]의 표에 1mm 단위까지 읽어 기록한다.

⑤ 피검자가 아주 비만한 경우 피부 조직을 평행이 되게 들어올리기는 거의 불가능하다(특히 복부의 경우). 이 경우에는 두 손을 모두 사용하여 피부 조직을 들어 올리고 다른 사람이 측정한다.

⑥ 같은 요령으로 다음 부위 피하지방 조직의 두께를 측정한다〈참고자료 1〉.
이두근 / 견갑골 하부 / 복부 / 장골 상부 / 허벅지 / 옆 중심선 / 가슴 / 장딴지
⑦ 피부 두겹 두께의 합으로부터 체지방 값을 〈참고자료 2〉를 이용하여 산출한다.
⑧ 〈참고자료 3〉에 의하여 체지방 수치를 평가해 본다.

실습하기

		1차 측정치	2차 측정치	3차 측정치	평균치
피부 두겹 두께	삼두근				
	이두근				
	견갑골 하부				
	복부				
	장골 상부				
	허벅지				
	옆 중심선				
	가슴				
	장딴지				

참고자료 1 부위별 피부 두겹 두께 측정방법

캘리퍼를 이용한 두겹 집기	삼두근	견갑골 하부
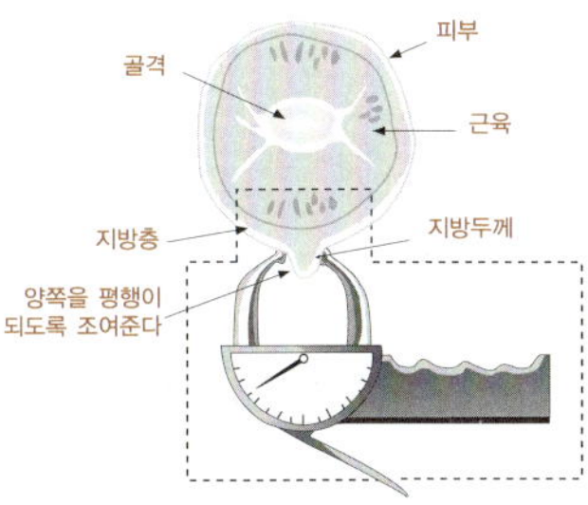	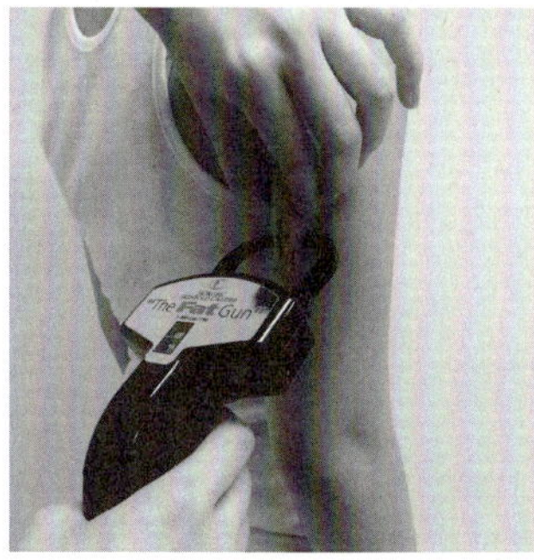	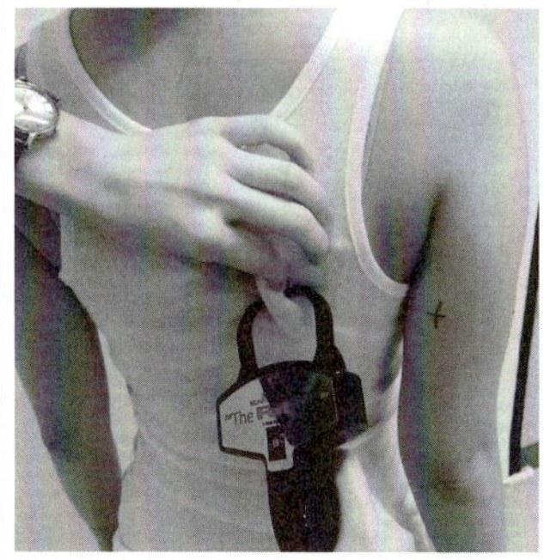
복부	**옆 중심선**	**허벅지**
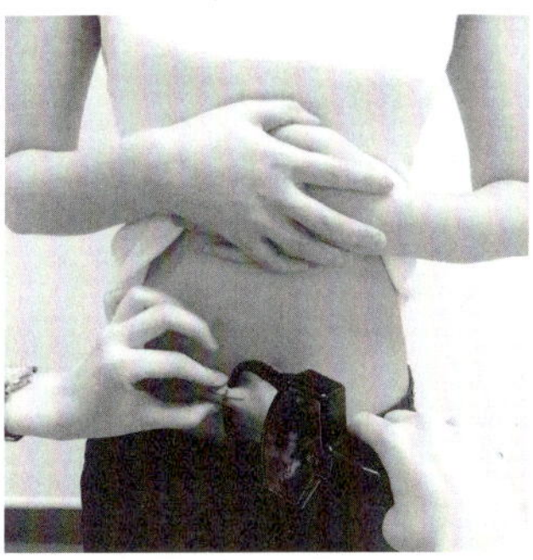		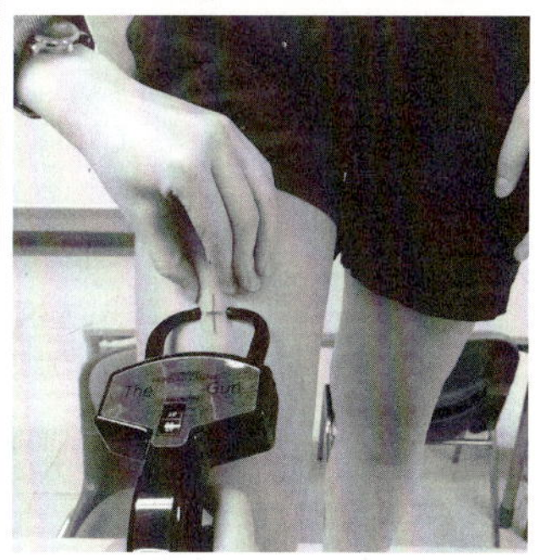
장골 상부	**가슴**	**장딴지**
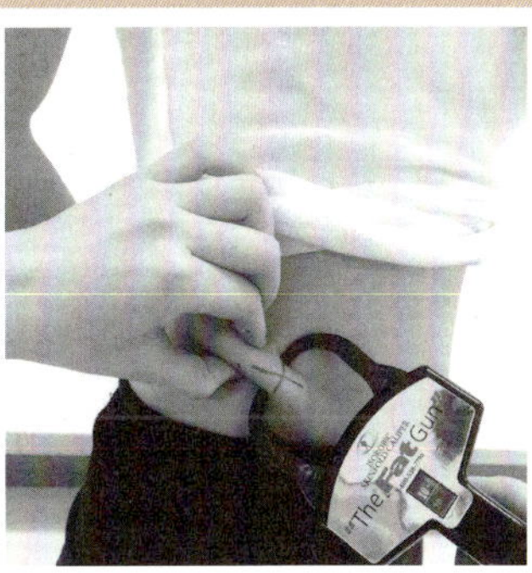	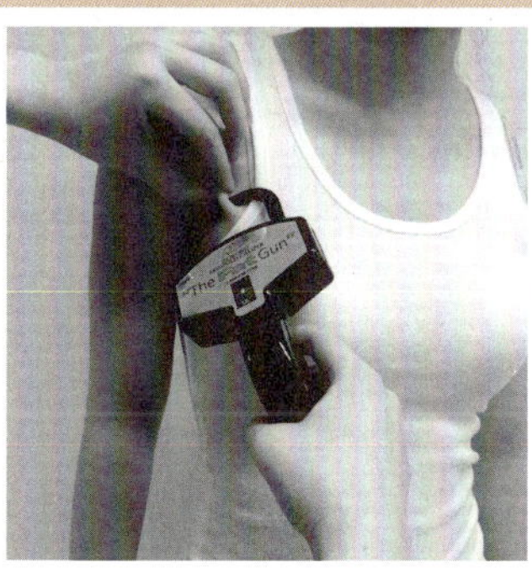	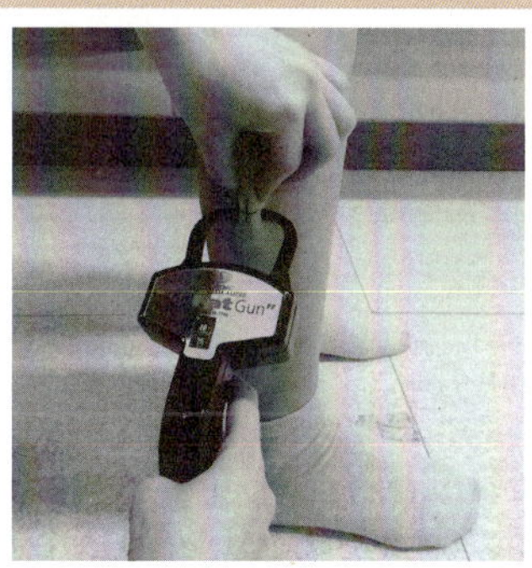

참고자료 2 피부 두겹 두께로부터의 체지방률 산출

▸ 삼두근 + 견갑골 하부 피부 두겹 두께 측정을 통한 추정(6-17세)

삼두근 + 견갑골하부 피부 두겹 두께(소년)

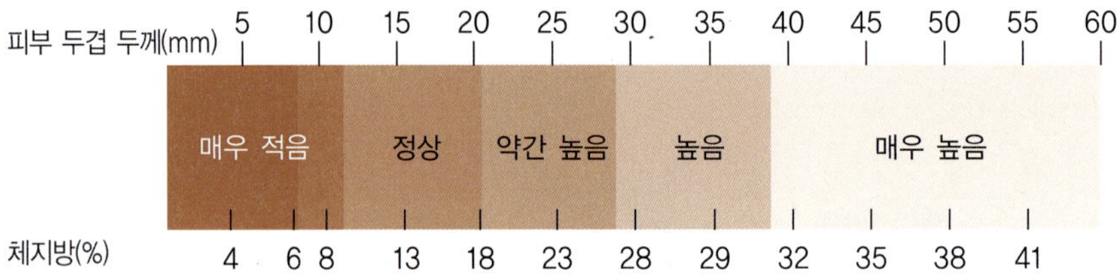

삼두근 + 견갑골하부 피부 두겹 두께(소녀)

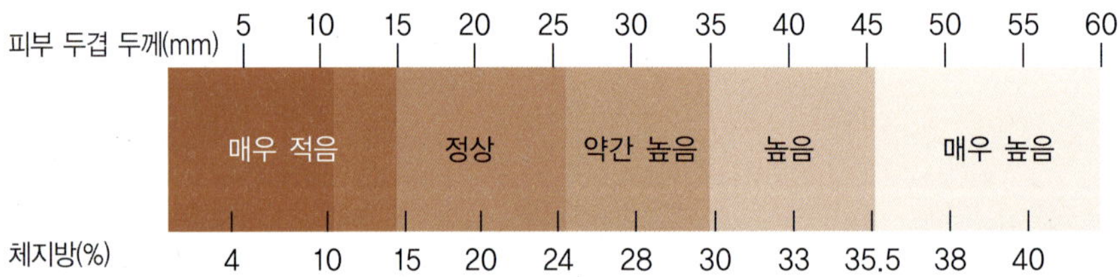

▸ **여러 부위의 피부 두겹 두께 측정을 통한 추정**

신체밀도 및 체지방률 추정식에 의하여 해당 피부 두겹 두께 측정치를 이용하여 체지방률을 산출할 수 있다.

신체밀도	남자[1]	신체밀도 = $1.10938-0.0008267(X_1)+0.0000016(X_1)^2-0.0002574(A)$
	여자[2]	신체밀도 = $1.0994921-0.000929(X_2)+0.0000023(X_2)^2-0.0001392(A)$
체지방률[3]	남자	체지방 = $0.465+0.180(X_3)-0.0002406(X_3)^2+0.06619(A)$
	여자	체지방 = $-6.40665+0.41946(X_4)-0.00126(X_4)^2+0.12515(H)+0.06473(A)$

A: 연령, H: 허리둘레(cm)

X_1 = 가슴, 복부, 허벅지 피부 두겹 두께(mm)의 합

X_2 = 삼두근, 허벅지, 장골 상부 피부 두겹 두께(mm)의 합

X_3 = 가슴, 옆 중심선, 삼두근, 허벅지, 견갑골, 장골 상부, 복부 피부 두겹 두께(mm)의 합

X_4 = 삼두근, 장골 상부, 허벅지 피부 두겹 두께(mm)의 합

자료 [1] Jackson AS, Pollock ML. Br J Nutr 40: 497-504, 1978
[2] Jackson AS et al. Medicine and Science in Sports 12: 175-182, 1980
[3] Ball S et al. Measurement in Physical Education and Exercise Science, 2006

Brozek 계산식	체지방률(%) = (457 ÷ 신체밀도) − 414
Siri 계산식	체지방률(%) = (495 ÷ 신체밀도) − 450

▶ **세 부위의 피부 두겹 두께 측정을 통한 추청**

남자는 가슴, 허벅지, 복부의 합(mm)을, 여자는 삼두근, 장골 상부, 허벅지의 합(mm)을 측정하여 체지방률을 계산할 수 있다.

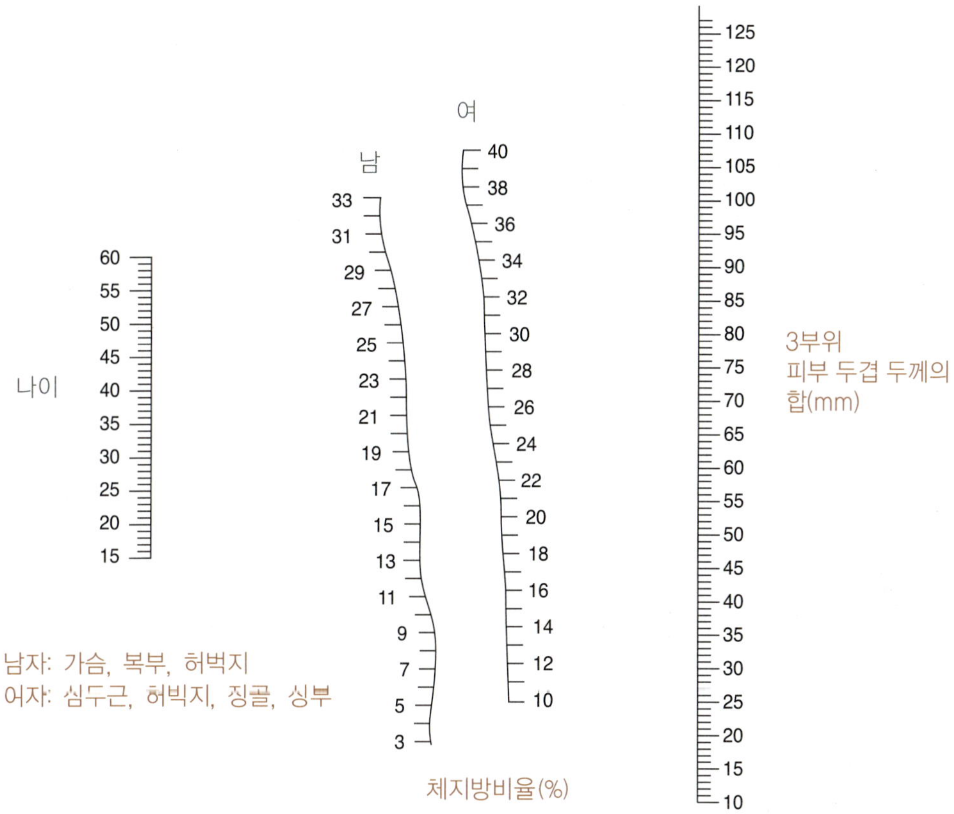

피부 두겹 두께 3부위의 합으로부터 계산된 체지방 값

참고자료 3 성별에 따른 체지방 분류

▸ 바람직한 체지방의 수준을 정확히 단언하는 것은 어렵지만 일반적으로 정상 성인의 적정한 체지방률은 남자 11~14%, 여자 16~19%이다.

성인(18~30세)의 체지방 분류		
남자(%)	여자(%)	분류
≤10	≤15	거의 없음
11~14	16~19	적정 수준
15~18	20~25	허용 수준
19~24	26~29	과체중
≥25	≥30	비만

자료: Williams MH. Nutrition for gealth, fitness & sport. 2002

▸ **생체 전기저항 측정법(bioelectrical impedance analysis)에 따른 체지방 측정**

① 안경, 시계, 반지, 목걸이 등의 금속물을 제거하고, 편안하게 드러누운 상태에서 다리를 약간 벌린다.

② 어댑터와 Probe 커넥터를 연결한다.

③ 오른발, 오른손을 측정하게 되며, 소독용 알코올로 측정지점을 닦고 electrode gel을 바른다.

④ 전극의 부착은 고무공을 눌러서 잘 흡인할 수 있도록 하며 빨간 선은 발등과 손등에, 파란 선은 손목과 발목에 장치한다.

⑤ 임피던스 표시부의 수치가 안정되면 HOLD버튼을 누른다.

⑥ 계산기를 ON한 후 IMP 버튼을 누르고, START를 누른다.

⑦ YEAR, MONTH, DAY에 측정 년, 월, 일을 입력한다. ENTER를 치면 다음으로 넘어간다.

⑧ DAY 입력 후 ID-NUMBER가 나오면 이름대신 고유번호를 입력 후 ENTER를 친다.

⑨ 그 후 성별이 나오면 남성은 1, 여성은 2를 입력하고 ENTER를 친다.

⑩ AGE, HEIGHT(cm), WEIGHT(kg)를 각각 입력하며, 입력할 때마다 ENTER를 친다.

⑪ IMPEDENCE(OHM, 임피던스) 수치를 입력한 후 ENTER를 친다.

⑫ PRINT OR DISPLAY가 나오면 키보드에 있는 PRINT 키를 눌러 결과를 출력한다.

⑬ 측정을 2번 반복하여, 그 결과를 [실습하기]의 표에 기록한다.

⑭ 〈참고자료 3〉에 의하여 체지방 수치를 분류, 평가해 본다.

▸ **상완 근육 면적에 따른 신체 근육량 측정**

① 상완 근육 면적은 앞에서 측정한 상완위 둘레와 삼두근 피부 두겹 두께의 값을 이용하여 다음 식에 따라 계산한다. 〈참고자료 4〉의 nomogram으로부터 구해볼 수도 있다.

$$\text{상완 근육 면적}(cm^2) = \frac{[\text{상완위}-(\pi \times \text{상완근 피부 두겹 집기 두께})]^2}{4\pi}$$

② 다음의 식을 이용하여 신체 총 근육량을 계산해본다.

신체 총 근육량 = 신장(cm) × (0.0264 + 0.0029 × 상완 근육면적)

▸ 허리-엉덩이 둘레비(waist-to-hip ratio, WHR)에 따른 복부비만 판정

① 허리둘레는 측정 전 밤 동안 금식하는 것이 원칙이며 편안하고 바른 자세로 긴장을 풀고 재도록 한다.

② 갈비뼈의 가장 아래쪽 부분과 장골 끝 부분을 펜으로 옆 중심선을 따라 표시한 후 그 중간지점에 줄자를 수평이 되도록 위치하게 하여서 측정한다.

③ 숨을 가볍게 내쉰 시점에 측정하며, 숨을 참느라고 근육이 수축되어 측정값에 오차가 생기지 않도록 한다.

④ 엉덩이둘레는 편안하게 바로 선 자세에서 엉덩이의 가장 많이 돌출한 부위에 줄자를 수평으로 위치하게 하여 측정하되 연조직이 눌리지 않도록 한다.

⑤ 허리/엉덩이의 산출 값이 남자의 경우 0.95, 여자의 경우 0.85 이상이면 복부비만으로 판정한다.

실습하기

체지방 측정					
	피부 두겹 두께 측정법			생체 전기저항 분석법	
체지방	추정식1 (선택)	추정식2 (선택)	평균	1차	평균
				2차	
	분류			분류	
체지방량 = 체중 × %체지방					
세시방량 = 체중 − 체지방량					
근육량 측정					
상완 근육 면적					
신체 총 근육량(kg)					
신체 지방 분포 평가 : 복부비만 판정					
허리-엉덩이 둘레비				분류	

결과고찰

더 해보기 INBODY에 의한 신체정밀분석

INBODY는 오른팔, 왼팔, 몸통, 오른다리, 왼다리를 각각 측정하는 부위별 측정기능을 가지고 있어 체형변화에 따른 부위별 개인차에서 오는 오차를 제거함으로써 측정의 정밀도가 매우 높으며, 부위별로 제공된 체성분 분석을 통하여 상체발달, 하체 허약과 같은 신체 균형과 부위별 부종 진단 등의 정보도 제공할 수 있다. INBODY를 이용하여 신체성분을 정확하게 분석하는 방법을 익히고, 다른 신체구성 성분측정법과의 차이를 비교해본다.

측정방법

A. Power on switch를 켠다.

B. 측정자는 발전극 판에 위치한다.

C. 손과 발바닥을 전해질 티슈로 닦고 발전극에 발바닥 뒷부분을 먼저 접촉 후 앞부분을 접촉한다.

D. 측정자의 나이, 키, 성별을 입력한다.

E. Enter key를 누른다.

F. 측정 자세를 취하라는 화면이 나오면, 손 전극을 감싸 쥐고 엄지손가락을 살며시 누르고 양팔을 적당히 벌린다.

G. Start key를 누르고 기다린다.

H. 화면에 '측정완료' 라고 나타나면, 약 1분 후 결과지가 자동으로 출력되어 나온다.

I. 체성분 검사결과표를 해석한다.

* INBODY 결과지

결과고찰

앞서 실습한 피부 두겹 두께 및 생체 임피던스 분석을 통한 결과와 비교해본다.

영양판정 실습

CHAPTER 03

생화학적 검사에 따른 영양판정 실습

1. 소변의 일반적 성상 관찰하기

2. 혈액 성분 검사하기

    2.1. 헤마토크릿 측정

    2.2. 헤모글로빈 측정

    2.3. 혈청 알부민 측정

    2.4. 혈청 지질(총콜레스테롤, HDL 콜레스테롤, 중성지방) 측정

    2.5. 혈청 AST, ALT 활성 측정

1 소변의 일반적 성상 관찰하기

생체 내 불필요한 대사산물은 수분과 함께 소변을 통해 체외로 배설된다. 신체의 건강상태는 소변 내 물질의 성분이나 농도와 밀접한 관계가 있으며, 건강상태에 이상이 있을 경우 소변 내에 단백질, 당질, 케톤체, 담즙색소 및 혈액 등이 섞여 배출되기도 한다. 일반적인 소변검사의 진행 시 소변의 일반적 성상을 관찰한 후 이상 성분이 검출될 경우 혈액검사 등의 다른 정밀 검사의 실시를 요하게 된다. 본 실습을 통해 실습생은 검사용지를 이용한 소변 검사법을 통해 소변의 일반적 성상을 이해한다.

준비물

소변 채취 용기, 소변 검사 스틱, 소변 검사 표준색조표

실습 방법

① 소변을 채취하여 용기에 담고 검사용지를 일정 시간 동안 담가둔다.

② 용기에 담가두었던 검사용지를 꺼내고, 묻어있는 과량의 소변은 제거한다.

③ 15~60초 정도 검사 용지를 공기 중에 방치 후, 변색 정도를 표준 색조표와 비교한다.

참고자료

약 10×0.5cm의 매우 얇은 플라스틱 지지체에 각 검사 항목별로 시약이 함유된 화학적 반응부가 부착되어 있다.

제조하는 회사별로 검사 항목 종류나 화학적 반응부의 배열순서는 다를 수 있으나, 보통 검사 항목으로는 pH(산도), 잠혈, 단백, 당, 케톤, 아질산염, 백혈구, 빌리루빈, 우로빌리노겐 등으로 구성되어 있으며, 이들을 동시에 검사할 수 있다. 조작이 간편하고 용이하기 때문에 각종 의료기관, 집단검진의 선별검사로 널리 이용되고 있으며, 전용 분석기를 사용할 경우 보다 정밀한 검사가 이루어질 수 있다.

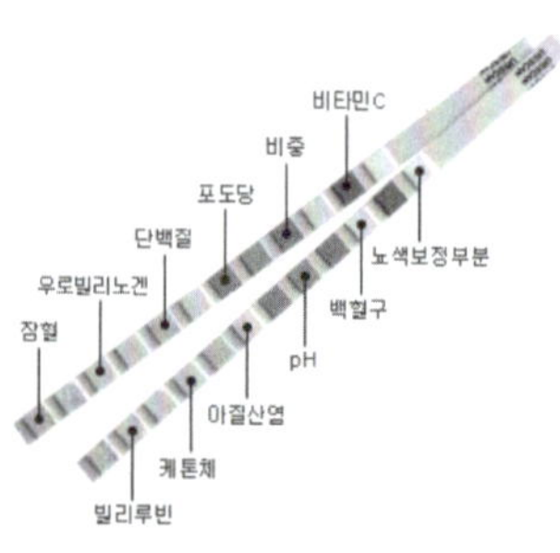

실습하기

이름		연령	만　　세	성별	□ 남　□ 여
채뇨 시간	월　　일	□ 오전 □ 오후	시　　분	□ 식사 전 □ 식사 후	시간
기존 병력	□ 무　□ 유 (병명 :　　　　　　　　)				
검사항목	결과관찰			건강상태와 관련된 판정	
	색변화	탁도	농도		
pH					
비중					
단백질					
포도당					
케톤체					
빌리루빈					
우로빌리노겐					
잠혈					
아질산염					
백혈구					
기타의견					

Memo

2 혈액 성분 검사하기

혈액의 생화학적 성분 검사는 질병의 진단, 치료 및 예방을 위해 필요한 혈장, 혈청 및 적혈구의 성분이나 대사산물, 효소 활성도를 측정하는 것을 의미한다. 현재 대표적인 것으로 약 100항목이 있지만, 일반적인 검사로서는 약 20항목 정도가 측정된다. 예를 들면 간기능의 진단에는 총빌리루빈, AST, ALT, γ-GTP 등이 있다. 또, 적혈구수, 백혈구수, 헤모글로빈, 헤마토크릿 등 혈액 중의 유형성분을 측정하는 경우는 별도로 혈액학검사(hematological test-examination)라고 하는 것이 일반적이다. 본 실습을 통해 실습생은 키트시약을 이용한 혈액의 성분 검사를 통해 혈액의 생화학적 성상을 이해한다.

2.1. 헤마토크릿 측정

실험원리

헤마토크릿이란 전체 혈액에 대한 적혈구 용적 비중을 백분율로 표시한 것이며 다른 이름으로는 적혈구 용적 백분율(packed cell volume, PCV)이라고도 한다. 헤마토크릿을 측정하는 방법으로는 직접 측정하는 마이크로헤마토크릿법(microhematocrit)과 자동혈구계산기를 이용해서 적혈구에 발생하는 전압 변화를 측정해 산출하는 자동혈구계산기법이 있다. 일반적으로 성인 남자의 경우 42~45%, 여자는 38~42% 이하일 경우를 빈혈로 진단한다.

준비물

란셋, 알코올, 탈지면, 혈액응고방지제 처리한 모세유리관, 인조 찰흙(seal), 마이크로헤마토크릿수치 측정용 고속원심분리기

실험원리

헤마토크릿 측정(마이크로헤마토크릿법)

① 손가락 끝을 알코올로 잘 닦은 후 멸균된 란셋으로 살짝 찌른다.

② 항응고제(EDTA 또는 헤파린)가 처리된 모세관에 혈액을 2/3 정도 채운 후 모세관 한쪽 끝을 인조 찰흙으로 막는다.

③ 마이크로헤마토크릿용 특수 고속원심분리기에 헤파린 처리한 모세관을 배여하고 12,000 rpm정도의 고속으로 강하게 3~4분간 원심분리한다.

④ 혈액 전체의 부피와 원심분리된 적혈구 층의 부피를 각각 자로 재어 %를 산출한다.

2.2. 헤모글로빈 측정

실험원리

혈액에 페리시안화칼륨(potassium ferricyanide)을 가하면 약 5분 이내에 설파헤모글로빈을 제외한 모든 형의 헤모글로빈은 메트헤모글로빈(methemoglobin)으로 전환된다. 여기에 시안화칼륨을 가하여 생성되는 시안화 메트헤모글로빈의 흡광도를 540nm에서 측정한다. 헤모글로빈의 정상 혈중 농도는 남성은 13~17g/dL, 여성은 12~15g/dL이다.

준비물

알코올, 탈지면, 주사기, 혈액응고방지제 처리된 시험관, 혼합용 시험관, 파이펫, 헤모글로빈 시약(상품화된 Drabkin 시약), 헤모글로빈 표준액(농도 16.0g/dL)*, 분광광도계

* 헤모글로빈 표준액: 제조회사에 따라 Drabkin 시약이 섞인 표준액일 수 있으므로 실험 전에 제조회사에서 제공한 프로토콜을 반드시 확인할 것

실습 방법

헤모글로빈 측정(시안메트헤모글로빈, Cyanmethemoglobin 방법)

① 채혈 후 혈액응고방지에 처리된 시험관에 넣어 잘 혼합 후 시료로 사용한다.

② 라벨을 한 세 개의 시험관에 아래 표와 같이 헤모글로빈 시약 5.0mL을 넣은 다음 증류수, 헤모글로빈 표준액, 혈액을 각각 0.02mL씩 넣어 잘 혼합한다. 혈액의 경우, 파이펫에 묻은 혈액이 잘 씻기도록 헤모글로빈 시약에 여러 번 헹군다.

	Blank	표준액	시료
헤모글로빈 시약	5mL	5mL	5mL
증류수	0.02mL	–	–
헤모글로빈 표준액	–	0.02mL	–
혈액 (전혈)			0.02mL

③ 시안메트헤모글로빈을 형성시키기 위해 5분간 실온에 방치한 후 540nm에서 흡광도를 측정한다.

④ Blank와 표준액의 흡광도를 이용하여 검량 선을 작성한 후 시료의 흡광도와 만나는 점과 대응하는 헤모글로빈의 농도를 구한다.

* 또는 다음의 계산식을 이용하여 헤모글로빈의 농도를 계산한다.

$$\text{헤모글로빈 농도(g/dL)} = \frac{\text{시료의 흡광도}}{\text{표준액의 흡광도}} \times \text{표준액의 농도(16.0g/dL)}$$

평가결과 요약 ①_헤마토크릿과 헤모글로빈

2.3. 혈청 알부민 측정

실험원리

혈청 중의 알부민은 정색시약(pH 4.0) 중의 브로모크레졸 그린(bromocresol green, BCG)과 반응하여 녹청색을 나타내는데, 이러한 정색을 620nm에서 비색 측정한다. 이 반응물의 색깔 강도가 혈청 알부민의 농도에 비례하는 원리를 이용하여 분광광도계 또는 혈액자동분석기를 이용하여 혈청 알부민의 함량을 측정할 수 있다. 혈청 알부민의 정상 농도는 3.5~5.0g/dL이다.

준비물

혈청, BCG 시약(상품화된 시약), 알부민 표준액(6.0g/dL), 혼합용 시험관, 파이펫, 분광광도계

실습 방법

알부민 측정

① 상완위에서 채혈한 혈액을 시험관에 받아 3,000rpm에서 20분간 원심분리한 후 상층액(혈청)을 분리하여 시료로 사용한다.

② 라벨을 한 세 개의 시험관에 아래 표와 같이 BCG 시약 5.0mL을 넣은 다음 증류수, 알부민 표준액, 혈청을 각각 0.02mL씩 넣어 잘 혼합한다.

	Blank	표준액	시료
BCG 시약	5mL	5mL	5mL
증류수	0.02mL	–	–
알부민 표준액	–	0.02mL	–
혈청			0.02mL

③ 620nm에서 흡광도를 측정한다.

④ 시료의 흡광도를 알부민 표준액의 흡광도와 비교하여 혈청 시료의 알부민 함량을 다음과 같이 계산한다.

$$\text{알부민 농도(g/dL)} = \frac{\text{시료의 흡광도}}{\text{표준액의 흡광도}} \times \text{표준액의 농도(6.0g/dL)}$$

평가결과 요약 ②_혈청 알부민

2.4. 혈청 지질(총콜레스테롤, HDL 콜레스테롤, 중성지방) 측정

실험원리

▸ 혈청 콜레스테롤은 주로 효소법에 의해 측정된다. 즉, 혈청에 존재하는 콜레스테롤 에스테르는 콜레스테롤 에스테르 가수분해 효소에 의해 유리 콜레스테롤과 지방산으로 분해된다. 산소의 존재하에 유리 콜레스테롤은 콜레스테롤 산화효소에 의해 Δ4-cholesterone과 H_2O_2로 전환된 후 H_2O_2는 시약내 존재하는 4-aminoantipyrine과 페놀(phenol)을 산화 축합시켜 색소를 만든다. 혈청 내 총콜레스테롤의 양은 이 색소의 강도에 비례하므로 505nm 흡광도 측정에 의해 혈청 내 총 콜레스테롤 농도의 정량이 가능하다.

▸ 혈청에 덱스트란 황산, 마그네슘이온 및 인텅스텐산 나트륨을 가하여 HDL 이외의 리포단백(LDL, VLDL)을 불활성복합체로 만들어 침전시키고 상청에 남은 HDL 중의 에스테르형 콜레스테롤을 콜레스테롤 에스테라제로 분해하여 유리형 콜레스테롤로 만든 후 유리형 콜레스테롤을 콜레스테롤 옥시다제, 과산화효소를 경유하여 적색 퀴노이드 색소로 만든 후 흡광도를 측정한다.

▸ 혈청 중의 중성지방은 지방단백리파아제(lipoproteinlipase)의 작용에 의하여 글리세롤(glycerol)과 지방산(fatty acid)으로 분해된다. 글리세롤에 글리세롤키나아제(glycerolkinase)와 ATP를 작용시키면 α-glycerol-3-phosphate와 ADP로 된다. 이 α-glycerol-3-phosphate는 α-glycerol-3-phosphate oxidase의 작용에 의해 H_2O_2를 생성한다. 생성된 H_2O_2는 과산화효소(peroxidase)의 존재하에 4-aminoantipyrine 및 N-ethyl-N-sulfopropyl-m-toluidine과 산화 축합반응이 일어나며 이때 생성되는 퀴논이민(quinoneimine)을 비색 측정한다.

준비물

혈청, 효소 시약 키트(완충액, 발색시약), 혼합용 시험관, 파이펫, 분광광도계 또는 자동혈액분석기

실습 방법

총콜레스테롤 측정

① 효소용액 1mL에 혈장 0.01mL를 잘 혼합한 후 37℃ 항온수조에 5분간 방치한다.

② 분광광도계에서 효소용액으로 영점을 맞춘 후 ①에 혼합한 용액의 흡광도를 측정한다.

HDL 콜레스테롤

① 혈청 0.2mL와 침강시약 0.2mL를 잘 혼합한 후 실온에서 5분간 방치한 후 3,000rpm에서 10분간 원심분리 시킨다.

② 원심분리 한 용액의 상청액 0.1mL를 효소용액 3mL와 혼합한 후 37℃ 항온수조에서 5분간 방치한다.

③ 효소용액으로 영점을 맞춘 후 ②의 용액의 흡광도를 측정한다.

중성지방

① 효소용액 1mL에 혈장 0.01mL를 잘 혼합한 후 37℃ 항온수조에 5분간 방치한다.

② 분광광도계에서 효소용액으로 영점을 맞춘 후 ①에 혼합한 용액의 흡광도를 측정한다.

VLDL 콜레스테롤과 LDL 콜레스테롤의 계산

위의 측정 수치로부터 다음 식에 따라 VLDL 콜레스테롤과 LDL 콜레스테롤을 구한다.

VLDL 콜레스테롤(mg/dL) = 중성지방(mg/dL)/5

LDL 콜레스테롤 = 총콜레스테롤 − (VLDL 콜레스테롤 + HDL 콜레스테롤)

2.5. 혈청 AST, ALT 활성 측정

실험원리

AST(Aspartate Aminotransferase) 또는 GOT(Glutamate Oxaloacetate Transaminase)

혈청 중의 AST는 L-아스파르트산(L-aspartate)과 α-케토글루타르산(α-ketoglutarate)을 옥살로아세트산(oxaloacetate)과 L-글루탐산(L-glutamate)으로 변화시키며, 이때 생성된 옥살로아세트산은 조효소(coenzyme)인 NADH의 존재 하에 말산탈수소효소(malate dehydrogenase)의 작용에 의해 L-말산염(L-malate)으로 변화한다. AST의 활성치는 이 반응 시에 감소하는 NADH의 감소속도를 측정하여 구한다.

ALT(Alanine Aminotransferase) 또는 GPT(Glutamate Pyruvate Transaminase)

혈청 중의 ALT는 L-알라닌(L-alanine)과 α-케토글루타르산을 피루빈산(pyruvate)과 L-글루탐산으로 변화시키며, 이때 생성된 피루빈산은 조효소인 NADH의 존재 하에 젖산탈수소효소(lactate dehydrogenase)의 작용에 의하여 젖산(lactate)으로 변화한다. ALT의 활성치는 이 반응 시에 감소하는 NADH의 감소속도를 측정하여 구한다.

준비물

혈청, 효소 시약 키트(완충액, 발색시약), 혼합용 시험관, 파이펫, 분광광도계 또는 자동혈액분석기

실습 방법

AST 측정

① 효소용액 1.0mL를 시험관에 넣고 37℃에서 2~3분간 가온한다.

② ①의 시험관에 혈청 0.1mL를 넣고 잘 혼합한다.

③ 분광광도계에서 증류수로 영점을 맞춘 후 ①에 혼합한 용액의 흡광도를 측정한다.

ALT 측정

① 효소용액 1.0mL를 시험관에 넣고 37℃에서 2~3분간 가온한다.

② ①의 시험관에 혈청 0.1mL를 넣고 잘 혼합한다.

③ 분광광도계에서 증류수로 영점을 맞춘 후 ①에 혼합한 용액의 흡광도를 측정한다.

평가결과 요약 ③_혈청 지질과 AST, ALT 활성

해보기 사랑의 헌혈

☑ 헌혈이란

헌혈은 혈액의 성분 중 한 가지 이상이 부족하여 건강과 생명을 위협받는 다른 사람을 위해, 건강한 사람이 자유의사에 따라 아무 대가 없이 자신의 혈액을 기증하는 사랑의 실천이다.

> 헌혈은 수혈이 필요한 환자의 생명을 구하는 유일한 수단입니다. 혈액은 아직 인공적으로 만들 수 있거나, 대체할 물질이 존재하지 않습니다. 생명을 사고 팔 수 없다는 인류 공통의 윤리에 기반하여, 세계 각국은 혈액의 상업적 유통을 법으로 규제하고 있습니다. 헌혈한 혈액은 장기간 보관이 불가능합니다(농축적혈구 35일, 혈소판 5일). 따라서 적정 혈액보유량인 5일분을 유지하기 위해 헌혈자분들의 지속적이고 꾸준한 헌혈이 필요합니다. 우리나라는 수혈용 혈액의 경우 자급자족하고 있지만, 의약품의 원재료가 되는 혈장성분의 경우 외국으로부터 수입을 하고 있습니다. 외국으로부터 수입하지 않고 혈액을 자급자족하기 위해서는 연간 약 300만 명의 헌혈자가 헌혈에 참여해야 합니다. 우리는 언제 수혈을 받을 상황에 처할지 모릅니다. 건강할 때 헌혈하는 것은 자신과 사랑하는 가족을 위하여, 더 나아가 모두를 위한 사랑의 실천입니다.
>
> 대한적십자사 혈액관리본부(http://www.bloodinfo.net)

☑ 헌혈과정

01. 헌혈기록카드 작성

02. 헌혈 상담
    1. 신분증 확인
    2. 헌혈경력조회
    3. 헌혈 전 검사
       ① 혈압, 맥박, 체온 측정 ② 혈액형 검사 ③ 혈액비중 검사 ④ 혈소판 수 측정 ⑤ 문진

03. 헌혈

04. 휴식 및 헌혈증서 수령

05. 헌혈혈액 검사결과서 통보

☑ 헌혈 후 1개월 정도 이내에 개인헌혈기록카드에 기입한 주소지로 검사결과통보서가 발송된다.

☑ 혈액관리본부 홈페이지에서 공인인증서 로그인을 통해 직접 조회할 수도 있다.

지난 헌혈 기록 2014-07-19 ~ 2015-07-19 검색 Click!

구분	헌혈일자	헌혈종류	헌혈장소	혈액검사결과	헌혈체험수기
1	2015년 05월 28일	전혈	헌혈의집 둔산센터 설정하기	자세히보기	등록하기
2	2015년 04월 23일	혈장	헌혈의집 둔산센터 설정하기	자세히보기	등록하기
3	2015년 03월 31일	혈장	헌혈의집 둔산센터 설정하기	자세히보기	등록하기
4	2015년 03월 12일	혈장	헌혈의집 둔산센터 설정하기	자세히보기	등록하기
5	2015년 02월 25일	혈장	헌혈의집 둔산센터 설정하기	자세히보기	등록하기

영양판정 실습

CHAPTER 04

임상조사에 따른 영양판정 실습

1. 주관적 종합평가를 이용한 영양상태 평가하기

실습 예제 Case 1

실습 예제 Case 2

실습 예제 Case 3

1 주관적 종합평가를 이용한 영양상태 평가하기

임상조사란 영양상태의 변화에 의해서 나타나는 신체의 여러 가지 결핍 및 과잉 증상을 조사하는 것이다. 임상징후는 대개 비특이적으로 나타나고, 영양불량이 아닌 다른 원인에 의해서도 나타날 수 있으므로 임상징후를 정확히 판정하기 위해서는 표준화된 임상평가가 필요하다. 주관적 종합평가(subjective global assessment, SGA)는 입원 환자의 병력, 식사력, 임상징후검사 및 전반적인 영양상태에 대한 평가로 이루어져 있다. 다음의 사례들을 잘 읽어보고 주관적 종합평가표를 이용해 이 환자들의 영양 상태를 평가해 본다.

실습 예제_Case 1

52세의 남성 김씨는 횡행결장의 종양으로 의심되는 부위를 절제하기 위해 병원에 입원하였다. 이 환자는 반복된 변비와 설사로 고생하다가 병원에 내원하면서 병을 발견하게 되었다고 한다. 입원하기 6개월에서 2개월 전까지는 평소 체중(70kg, 10년간 체중의 변화 없었음)보다 6kg가 감소하였으나, 입원하기 2개월 전 부터는 빠진 체중을 그대로 유지하다가 입원 2주일 전에 영양보충을 처방받으면서 2kg이 늘어났다. 특별한 위장관 증상은 없었고 입원하기 전까지 평소 활동량은 유지하였다. 지난 몇 달 동안 식사섭취량이 줄기는 하였으나, 피하지방의 손실, 근육 손실, 부종이나 복수는 없었다.

1. 체중의 변화

- ☑ 최고 체중 ________ kg (10년 동안 최고 체중)
- ☑ 6개월 전 체중 ________ kg
- ☑ 현재 체중 ________ kg
- ☑ 지난 6개월간의 총체중 감소량 ________ kg
- ☑ 지난 6개월간 체중감소율 ________ %

$$\%\text{체중변화} = \frac{\text{6개월 전 체중} - \text{최근 체중}}{\text{6개월 전 체중}} \times 100$$

- ☑ 2주간의 변화 ________ 증가 ________ 변화없음 ________ 감소

2. 식이섭취량 변화

- ☑ 변화 없음 ________
- ☑ 변했다 ________

  기간 : ________ 주

변화내용 : 섭취가 증가했다 ___________

고체식만 했다 ___________

유동식만 했다 ___________

저칼로리 식사 ___________

굶었다 ___________

3. 위장관의 증상(2주 이내)

☑ 없었다 ___________

☑ 구토 ___________ 메스꺼움 ___________ 설사 ___________ 식욕부진 ___________

4. 기능적인 문제

☑ 없다 ___________

☑ 있다 ___________ 있었다면 기간 : ___________ 주

형태 : 일을 잘 못했다 ___________

걸을 수 있었다 ___________

누워 있었다 ___________

5. 임상징후 조사

☑ 각 항목에 대한 조사결과 정상이면 0점, 경미하면 +1점, 중등 정도면 +2점, 심각하면 +3점을 준다.

☑ 피하지방의 손실(어깨, 삼두근, 가슴, 손 등) ___________

근육 손실 ___________

손, 발목의 부종 ___________

복수 ___________

6. 전반적인 평가(평가기준 p.74 참조)

☑ A=영양상태가 좋다 ___________

☑ B=중 정도의 영양불량 ___________

☑ C=심한 영양불량 ___________

평가근거 요약

실습 예제_Case 2

평소에 술을 많이 마셨던 47세 남자 오씨는 2주 전에 급성 췌장염으로 병원에 입원했다가 정밀검사를 통해 췌장암이 의심되는 환자이다. 입원 전에는 건강에 큰 문제는 없었다고 한다. 입원 후 그는 정맥수액을 맞으면서 비위흡인(nasogastric suction) 치료를 계속 받고 있다. 이 환자는 최근 평소 체중의 8%가 감소되었으며, 지금도 계속해서 체중이 빠지고 있다. 입원 이후 복부통증과 오심이 꽤 호전되었다. 이 환자는 약간의 허약감을 느끼기는 했지만 스스로 이동은 가능했으며 열은 없었다. 가슴부위의 피하지방이 약간 감소되었고, 어깨 삼각근 부위의 근육 손실로 인해 어깨가 비뚤어진 사각형 모양(squared-off appearance)이었다. 엉치부위(천골부)와 발목에 약간의 부종이 있었으나 복수는 없었다.

1. 체중의 변화

- ☑ 최고 체중 __________ kg (10년 동안 최고 체중)
- ☑ 6개월 전 체중 __________ kg
- ☑ 현재 체중 __________ kg
- ☑ 지난 6개월간의 총체중 감소량 __________ kg
- ☑ 지난 6개월간 체중감소율 __________ %

$$\%체중변화 = \frac{6개월\ 전\ 체중 - 최근\ 체중}{6개월\ 전\ 체중} \times 100$$

- ☑ 2주간의 변화 __________ 증가 __________ 변화없음 __________ 감소

2. 식이섭취량 변화

- ☑ 변화 없음 __________
- ☑ 변했다 __________

  기간 : __________ 주

  변화내용 : 섭취가 증가했다 __________

  고체식만 했다 __________

  유동식만 했다 __________

  저칼로리 식사 __________

  굶었다 __________

3. 위장관의 증상(2주 이내)

- ☑ 없었다 __________
- ☑ 구토 __________ 메스꺼움 __________ 설사 __________ 식욕부진 __________

4. 기능적인 문제

☑ 없다 ____________

☑ 있다 ____________ 있었다면 기간 : ____________ 주

형태 : 일을 잘 못했다 ____________

걸을 수 있었다 ____________

누워 있었다 ____________

5. 임상징후 조사

☑ 각 항목에 대한 조사결과 정상이면 0점, 경미하면 +1점, 중등 정도면 +2점, 심각하면 +3점을 준다.

☑ 피하지방의 손실(어깨, 삼두근, 가슴, 손 등) ____________

근육 손실 ____________

손, 발목의 부종 ____________

복수 ____________

6. 전반적인 평가(평가기준 p.74 참조)

☑ A=영양상태가 좋다 ____________

☑ B=중 정도의 영양불량 ____________

☑ C=심한 영양불량 ____________

평가근거 요약

실습 예제_Case 3

75세의 남성 박씨는 식도 종양이 의심되어 절제수술을 받기 위해 입원하였다. 그는 입원하기 4개월 전부터 연하곤란 증상이 생기기 시작했고, 이후 연하곤란 증상은 더욱 심해져서 더 이상 삼키기가 어려워졌다. 그는 4개월 전 체중에 비해 12%가 감소하였고 계속해서 체중이 줄었다. 그는 걸을 수는 있었으나 허약감을 느꼈고 더 이상 평소에 하던 일상의 활동을 하는 것이 힘들어졌다. 열, 오심, 구토 또는 설사는 없었다. 신체검사에서 삼두박근과 가슴 부위에 피하조직이 많이 손실되고, 삼각근과 대퇴부 사두근 근육도 소실되는 등 매우 쇠약한 상태인 것으로 나타났다. 발목에 약간의 부종이 있었으나, 복수는 없었다.

1. 체중의 변화

☑ 최고 체중 ___________ kg (10년 동안 최고 체중)

☑ 6개월 전 체중 ___________ kg

☑ 현재 체중 ___________ kg

☑ 지난 6개월간의 총체중 감소량 ___________ kg

☑ 지난 6개월간 체중감소율 ___________ %

$$\%\text{체중변화} = \frac{6\text{개월 전 체중} - \text{최근 체중}}{6\text{개월 전 체중}} \times 100$$

☑ 2주간의 변화 ___________ 증가 ___________ 변화없음 ___________ 감소

2. 식이섭취량 변화

☑ 변화 없음 ___________

☑ 변했다 ___________

기간 : ___________ 주

변화내용 : 섭취가 증가했다 ___________

고체식만 했다 ___________

유동식만 했다 ___________

저칼로리 식사 ___________

굶었다 ___________

3. 위장관의 증상(2주 이내)

☑ 없었다 ___________

☑ 구토 ___________ 메스꺼움 ___________ 설사 ___________ 식욕부진 ___________

4. 기능적인 문제

- ☑ 없다 ____________
- ☑ 있다 ____________ 있었다면 기간 : ____________ 주

  형태 : 일을 잘 못했다 ____________

  걸을 수 있었다 ____________

  누워 있었다 ____________

5. 임상징후 조사

- ☑ 각 항목에 대한 조사결과 정상이면 0점, 경미하면 +1점, 중등 정도면 +2점, 심각하면 +3점을 준다.
- ☑ 피하지방의 손실(어깨, 삼두근, 가슴, 손 등) ____________

  근육 손실 ____________

  손, 발목의 부종 ____________

  복수 ____________

6. 전반적인 평가(평가기준 p.74 참조)

- ☑ A=영양상태가 좋다 ____________
- ☑ B=중 정도의 영양불량 ____________
- ☑ C=심한 영양불량 ____________

평가근거 요약

평가기준

방법	항목	평가
1. 병력 및 식사력 조사	체중의 변화	대상자의 최근 6개월간 체중 변화를 조사한다. 체중 감소가 5% 이하이면 큰 문제가 없으나, 5~10% 감소되었다면 의미있는 변화이다. 체중 감소가 10% 이상이라면 심각하다.
	식사섭취량의 변화	대상자가 평상시 식습관을 유지하는지 조사한다. 식습관에 변화가 있었다면 변한 식습관의 유지기간과 변화 내용을 조사한다. 식사량 증가나 고체식과 유동식 혹은 정맥영양 및 저칼로리 식사, 지속적 기아 여부 등을 조사한다. 평상시 아침, 점심, 저녁의 형태를 조사하고 이를 6개월~1년 전의 식습관과 비교해 본다.
	위장관의 증상	2주일 이상 지속된 위장관 증상이 있는지 조사한다. 단기간의 설사나 가끔 있는 구토는 크게 문제되지 않는다.
	기능적인 문제	일상생활을 수행하는 데 기능적 어려움이 있는지 조사한다. 어려움이 있다면 어떤 어려움이며 이것이 얼마나 지속되었는지도 조사한다.
2. 임상징후 조사	피하지방 손실	피하지방의 손실은 어깨, 삼두근, 가슴과 손의 4부위에서 조사한다.
	근육 손실	근육 손실 정도를 알기 위해 어깨 쪽에 있는 삼각근 근육과 허벅지 앞부분에 있는 사두군 근육을 조사한다. 어깨의 피하지방이 손실되고 삼각근 근육도 소진되면 반듯한 어깨 모양이 비틀어진다. 피하지방과 근육 손실은 정상, 경미한 변화, 중등 변화, 심한 변화로 구분하여 적는다.
	부종과 복수	발목과 천골에 부종이 있는지 조사한 후 정상, 경미, 중등, 심각 등의 단계로 나누어 적는다.
3. 종합영양상태 평가 (위의 두 가지 조사결과가 수집되면 종합적 영양상태 평가를 한다)	A 등급	6개월간 평균 체중이 5~10% 가량 감소하였더라도 최근에 부족이 아닌 실질 체중 증가가 있는 경우 A등급으로 분류한다.
	B 등급	최소한 5%의 체중 감량과 식사섭취량의 감소가 나타나고 경미하거나 중등 정도의 피하지방 손실과 근육 손실이 나타날 때는 중등 정도의 영양불량으로 분류한다.
	C 등급	10% 이상의 체중 감소가 계속 나타나거나 식사섭취가 불충분한 경우, 피하지방의 손실과 근육 손실이 함께 나타나면 심각한 영양불량으로 분류한다.

CHAPTER 05

사례연구

1 영양판정 결과에 근거한 영양상담 계획하기

실습 예제 1. 체중 조절이 필요한 여성의 영양평가와 상담 계획하기

최근 건강 검진을 통해 비만으로 판정받고, 지방간이 관찰되어 적극적인 체중 조절과 식이 조절을 권고받은 51세 여성을 대상으로 영양상담을 하고자 한다. 전업 주부이며, 영양평가 검사결과와 과거 체중 조절 경험은 아래의 자료와 같다. 다음의 평가 자료로부터 과거 체중 조절의 문제점과 향후 조절을 위한 영양상담 방법을 제시해 보자.

▸ 건강검진 신체 계측 자료 및 문진을 통해 취득한 자료

신체 계측 항목	측정치
신장	164.0cm
체중	70.9kg
BMI	26.4kg/m^2
체지방률	35.0%
평상시 체중	71.0kg
최고 체중	72.0kg(50세)
18세 때 체중	47.0kg(BMI: 17.5kg/m^2)

〈기타 참고 사항〉
운동량: 1일 약 10,000보 정도
감량 경험: 2회(30세 55kg까지 조절, 40세 60kg까지 조절)
기타 질병의 특이 증상: 없음

▸ 건강 검진 결과 혈액 분석자료

항목	기준치	검사치	단위	기타
백혈구(WBC)	4.0~9.0	7.1	×10^{3}μL	
적혈구(RBC)	4.1~5.3	4.3	×10^{6}μL	
혈색수(Hb)	12.0~16.0	14.1	g/dL	
헤마토크리트(Hct)	34.0~42.0	41.4	%	
적혈구평균용적(MCV)	81~100	94.1	fl	
총임파구수(TLC)	≧2.0~16.0	2.8	×10^3	
C-반응성단백(CRP)	0~0.9	0.83	mg/dL	
간효소(AST)	10~40	83	IU/L	H
간효소(ALT)	6~40	101	IU/L	H
인산분해효소(ALP)	100~280	211	IU/L	

감마지피티(γ-GPT)	0~30	18	IU/L	
콜린 에스터라아제(ChE)	3,500~8,000	6.616	IU/L	

H : 최고 수치, L : 최저 수치

Key : 관심을 가져야 할 검사 수치

1. BMI · 최고 체중, 18세 때 체중, 체지방률, 감량과 관련한 경험
2. AST · ALT · r-GTP

▸ **질문 1. 제시된 영양평가 초기 검사치에서 어떤 문제점을 찾아낼 수 있습니까?**

<평가해야 할 문제점>

1) BMI와 체지방률을 근거로 비만도를 판정해본다.
2) 현재 체중과 체중 감량 시도 시기와 변화 체중량을 평가해보자.
3) AST, ALT 분석치가 갖는 의미를 생각해보자.
4) 자료를 통하여 볼 때 이 여성의 식생활 관리 상태를 추정해보자.

Chapter 05 사례연구

<분석 자료로부터 평가 가능한 추정 문제점>

- ☑ BMI 26.4kg/m^{2}와 체지방률 35.0%로 평가된 신체계측자료를 환산한 수치로부터 에너지 과잉섭취에 따른 비만의 판정이 가능하다. 측정된 BMI의 비율로 추정해 볼 때 상당히 체지방이 많은 비만으로 판정이 가능하다.
- ☑ 그런데 비만도 Ⅰ기 정도의 체중에도 불구하고, AST는 83IU/L, ALT는 101IU/L로 상당히 높은 수치가 관심을 끌게 된다. AST나 ALT가 상승하기 쉬운 경우는 약물복용에 따른 부작용으로 나타날 수 있다. 그러나 이 경우에는 복용약물이 없으므로 두 효소가 간기능 장애로 인하여 혈액 내 높게 나타나는 현상으로 간주된다.
- ☑ 즉 음주습관에 의하여 간세포의 작용증가로 인해 두 수치는 상승할 수 있다. r-GTP의 수치는 18IU/L로 문제가 없기 때문에 TG나 UA는 측정되지 않았다.
- ☑ AST · ALT가 상당히 높은 수치를 나타내는 것은 18세 때에는 BMI가 17.4kg/m^{2}으로 상당히 마른 체형이었다가 50세 중년기가 되어 약 24.0kg의 체중이 증가된 현상에 원인이 있는 것만이 아니라, 청소년기 이후에 2회의 감량 시도와 체중의 재회귀 등 2회에 걸친 요요현상의 결과로 나타난 현상임을 추정할 수 있다.
- ☑ 즉 요요현상이 반복되면서 전체 신체구성 중 근육량은 감소되고, 이에 반하여 체지방의 증가가 나타나는 체중 조절 전 체중 대비 전체 지방량이 축적할 수 있도록 감량을 행하였기 때문이다. 이 결과 조직에 지방이 침착되고 간 조직에도 지방이 축적되어 지방간이 나타났다고 할 수 있다.
- ☑ 이 여성은 몇 년에 걸쳐 시도한 체중 조절을 운동은 하지 않고 식사만 절식(節食)하는 방법으로 시도하였고, 그 결과 전체 신체 근육량이 감소되고 이러한 원인으로 쉽게 체중의 재회귀되는 요요현상이 나타났다. 즉 감량방법에 문제가 있었다. 운동량은 10,000보라고 되어 있으나 최근 시작한 것으로 생각된다. 이러한 체중 조절방법으로는 지방간이 되기 쉬우며, 특히 석식이나 야식의 과다 섭취는 지방간을 유도하게 된다.

▸ 질문 2. 체중 감량 상담을 어떻게 하는 것이 적절하다고 생각하십니까?

〈체중 조절 상담 방향〉

1) 체중 조절을 위한 바람직한 상담 방법을 생각해보자.
2) 체중 조절과 지방간 치료를 위한 식생활 상담 방법을 생각해보자.

〈식생활 상담 방향〉

- 체중 감량을 운동으로 하지 않고 식사량만 감소하여 시도할 경우 감소 체중이 원래 체중으로 돌아가는 리바운드(요요현상)를 거듭하면서 한층 더 지방간을 악화시킨다는 점을 강조할 필요가 있다. 즉 근육량 증가가 없는 체중 감량은 건강에 매우 악영향을 미쳐 체중 감량이 성공적으로 이루어지더라도 체력의 저하 및 신체기능의 저하가 나타날 수 있다는 점을 강조한다.
- 또한 체중과 운동량을 매일 기록하게 함으로써 자신의 활동량을 체크하는 기회를 갖도록 한다. 조금이라도 감량 체중의 되돌아가기 현상이 나타나면 그 원인이라고 생각되는 부분을 일기와 같이 상세하게 적게 한다. 이러한 방법으로 한 달에 한 번 정도 지도를 반복한다.
- 감량을 성공시키기 위해서는 먼저 에너지가 적으면서 포만감을 얻을 수 있는 채소, 해초, 버섯류를 매 식사 때마다 먼저 약 150g 정도 섭취하도록 하고, 염장품 등 식욕을 자극하고 밥의 섭취를 증가시키는 식염을 되도록 억제하도록 한다. 과자나 스낵 등의 음식 섭취를 일시 중단하도록 한다.
- 감량할 때에는 신장기능장애가 없으면 단백질은 현재 체중의 1kg당 1.0g 정도로 일일 약 70g/일을 목표로 해서 섭취하면 근육량의 감소는 나타나지 않는다. 식사력 상담을 통해 부족이 예상되는 비타민 B군, E의 섭취를 권장한다.

실습 예제 2. 당뇨와 비만 남성의 영양평가와 상담 계획하기

주로 책상에 앉아 근무 활동량이 적은 회사원으로 비만이며 당뇨병을 가진 58세 남성을 약 5년간에 걸쳐 영양상담을 해온 사례이다. 영양상담 시작 3일 전 측정치를 초기자료로 하여 계속되는 follow-up을 한 결과로 영양분석 자료는 다음과 같다. 다음의 평가 자료로부터 이 남성의 평소 영양관리의 문제점을 찾아보고, 영양상담 방법을 분석해 보자.

▸ **신체 계측 자료를 통해 취득한 초기자료**

신체 계측 항목	측정치
신장	163.0cm
체중	68.4kg
BMI	25.7kg/m^2
체지방률	17.5%
평상시 체중	70.0kg
최고 체중	85.0kg(4년 전 측정치)

▸ 5년간 영양상담으로부터 follow-up한 신체계측 및 생화학적 분석 자료

항목	기준치	초기 검사치	7개월 후 검사치	25개월 후 검사치	50개월 후 검사치	단위
체중		68.4	70.8	72.3	72.0	kg
BMI	22.0	25.7	26.6	27.2	27.1	kg/m^2
체지방률	17.0~23.0	17.5	20.7	20.3	19.2	%
운동량		10,000	10,000	10,000	10,000	보/일
혈압	<130/85	124/71		112/70	110/77	mmHg
간효소(AST)	10~40	16	7	14	19	IU/L
간효소(ALT)	6~40	13	9	14	19	IU/L
감마지피티(γ-GTP)	0~60	43	21	25	23	IU/L
총콜레스테롤(TC)	130~220	227	185	180	207	mg/dL
고밀도콜레스테롤(HDL)	40~70	45	44	39	50	mg/dL
중성지방(TG)	30~150	330	156	234	128	mg/dL
당화혈색소(HbA1C)	4.3~5.8	11.5	5.4	8.1	6.3	%
공복혈당	70~100	290	147	203	126	mg/dL
1,5-anhydroglucitol(1.5AG)	14.0~40.0	2.0	17.7	3.8	14.1	mg/L

key : 관심을 가져야 할 분석치

1. 평상시 체중 · BMI · 체지방률
2. 혈당 · HbA1C · 1,5AG
3. TC · TG · HDL
4. AST · ALT · γ-GTP

▸ **질문 1. 제시된 영양평가 초기 검사치에서 어떤 문제점을 찾아낼 수 있습니까?**

<평가해야 할 문제점>

1) 4년 전 체중과 현재 체중의 변화 정도를 평가해보자
2) 혈당 관리 정도를 자료를 통하여 볼 때 이 남성의 식생활 관리 상태를 추정해보자
3) 체지방 비율과 BMI 수치로부터 운동 정도를 추정해 볼 수 있는가?
4) 에너지 섭취가 음주로부터 기인한 것으로 평가할 수 있는가?

<분석 자료로부터 예상 가능한 평가>

- 4년 전에 비하여 체중을 약 17.0kg 감량했음에도 초기영양평가 당시에 혈당은 290mg/dL, HbA1C는 11.5%로 높고, 1,5AG는 2mg/L로 낮아 혈당 조절이 잘 이루어지지 못하고 있다고 판단된다.
- 이는 에너지 섭취량은 감소시켰으나 식사량 섭취가 불규칙하여 나타난 것으로 추정된다. 즉 불규칙한 저녁 식사의 과식, 기호에 맞는 대로 불규칙적으로 불규칙량의 섭식과 같은 제멋대로 먹기 버릇과 당질의 과잉 섭취 등의 식생활을 하여 나타난 결과로 추측된다.
- 4년간에 걸친 체중 감소는 혈당 조절이 잘되지 않기 때문에 당뇨 관리를 위해 체중을 감량한 것으로 추정된다. 또한 BMI 25.7kg/m^{2}인 것에 비하여 체지방률 17.5%는 비교적 낮기 때문에 운동·노동을 어느 정도 행하고 있다고 판단된다.
- TG가 330mg/dL로 높으나, AST 16IU/L · ALT 13IU/L로 낮기 때문에 알코올을 많이 마신 것은 아니고 에너지원의 종류로는 과자, 주스 등 당질, 유지의 과잉 또는 고당 · 고지방 음식을 많이 섭취하고 있다고 추측된다. 더욱이 TC가 227mg/dL로 TG와 함께 높게 상승하는 원인은 동물성 지방과 유지, 당질을 포함한 케이크나 과자, 스낵의 과잉 섭취가 원인으로 보이며, 또한 r-GPT가 약간 높은 것은 비만도 자료와 결부해 볼 때 저녁식사의 편중 식사섭취에 의한 것이라고 사료된다.

▸ 질문 2. 초기 검사자료를 바탕으로 어떠한 영양 상담이 적절하다고 생각하십니까?

<상담해야 할 방향>

1) 비만을 유발하는 식생활을 하는 방향을 생각해보자.
2) 당뇨 관리와 연관된 식생활 상담 방향을 생각해보자.

<식생활 상담 방향>

☑ 비만유발 식생활은 절대 열량 섭취를 제한하더라도 불규칙한 폭식이 문제로 잠재되어 있으므로 이에 대한 보다 자세한 식사력 상담을 통하여 저녁 식사의 과식과 외식 시 과다한 열량 섭취 및 혈당 증가를 유발하는 식생활에 대한 인지교육을 실시한다.

☑ 식물성 섬유질의 섭취부족은 불규칙하고 부적합한 식사가 원인으로, 직장인에게서 문제시되는 아침 결식 여부를 확인한다. 아침 결식의 행동이 관찰될 경우 가정에서 아침식사를 거르지 않도록 상담한다. 또한 아침과 점심을 주요 식사로 하고 저녁은 비교적 가볍게 먹도록 지도하여, 1인 1회 분량과 밥 중심의 한식 식사 형태를 지도한다. 저녁 식사의 과식을 억제하며 혈당 관리를 위해 저녁 식사 후에는 과자나 과일을 제한하고 혈당을 급격히 올릴 수 있는 음식에 대한 지도가 요구된다.

▸ 질문 3. follow-up 자료로부터 초기 단계 및 상담 7개월, 25개월 후의 검사치와 비교하여 영양상담의 효율성을 평가해 보자.

<follow-up 평가의 방향>

1) 혈액 지표의 변화 정도와 식생활 개선을 평가해 보자.
2) 당뇨 관리와 연관하여 7개월과 25개월, 50개월 후 검사치의 변화도를 통하여 식생활의 변화 양상을 추정하고 상담 결과를 평가해 보자.

<follow-up 평가의 주요 요점>

☑ 상담 7개월 후에는 BMI가 27.5kg/m^{2}에서 26.6kg/m^{2}로 약간 늘어났으나, 식사요법으로 HbA1C는 5.4%로, 1,5AG 17.7mg/L로 개선되었다. 또한 γ-GPT는 21IU/L로, TG는 156mg/dL로 저하된 것은 저녁식사의 과식이 다소 교정되어, 불규칙한 폭식이 적어졌다는 것을 알 수 있다. 그러나 혈당치가 147mg/dL로 아직 높은 편인 것은 저녁 식사 시간이 늦은 것에 기인할 수 있다. 그리고 TC는 185mg/dL로 TG 156mg/dL와 함께 거의 기준치로 된 것은 육류나 스낵 과자가 감소되었다고 사료된다.

☑ 그러나 7개월이 지난 후 서서히 악화되어 영양상담 25개월 후에 혈당 관리를 나타내는 지표인 HbA1C가 8.1%로 증가하고, 1,5AG는 3.8mg/L로 감소하며, 혈당은 203mg/dL로 재상승 했다. 또한 TG는 234mg/dL로, BMI는 27.2kg/m^{2}로 증가하였다. 이는 과식하는 식습관으로 돌아가 에너지 섭취가 증가하였기 때문이다. 그러나 TC는 180mg/dL로 7개월 전보다 상승하지 않은 것은 오히려 HDL의 저하로 인한 것으로 추정할 수도 있으며, 육류 등의 동물성 단백질 식품의 감소는 그대로 유지되었으나 과자나 과일 등 당의 함유량이 높은 식사를 함으로써 혈중 TG의 농도가 증가한 것으로 추정된다.

☑ 초기 측정 체중에 비하여 50개월 후 측정 체중은 증가되었으나 체중 증가량은 1.6kg이고 25개월의 측정치보다는 약간 감소했다. 혈당 관리의 지표가 되는 혈당 측정치 및 HbA1C 측정치는 6.3%로 초기와 25개월 측정치에 비하여 개선되었다. TG 및 TC 측정치도 감소하여 과식 및 식품섭취 시 식품선택이 개선된 것으로 추정된다.

2 병원 환자의 영양평가 사례연구

실습 예제 1. 병원 환자의 영양평가 실습 (1)

최 할머니(81세)는 밤에 심한 호흡장애[심한 저산소증(Hypoxia)와 호흡성 과산증(respiratory acidosis)]로 응급 입원하였다. 2년 전부터 기관지 천식이 있었으며, 쇠약 증세와 식욕부진, 체중 감소가 관찰되었다. 최근에는 기관지 천식이 심해져서 거동이 매우 불편하였다.

▸ **병력**

① 15년 전 혀 암으로 진단되어 목까지 전이된 병력으로 제거수술과 방사선 치료를 받았음.

② 수술 1년 후 심한 체중 감소와 목에 다시 덩어리가 생긴 것이 발견되어 오른쪽 목의 일부를 절제하는 수술을 받음.

③ 과거 1주에 1갑 정도의 흡연을 하고 알코올의 과다 섭취문제가 있었으나 남편과 사별한 2년 전부터 이러한 문제는 전혀 없음.

▸ **병원 입원 후 치료 및 처치**

산소를 공급, 기관지 염증 치료를 목적으로 스테로이드(steroid)약제와 기관지 확장제로 테오필린(Theophylline)을 투여, 약한 질소혈증이 관찰되어 5% 덱스트로스(Dextrose)가 첨가된 희석한 생리적 식염수 용액(D5 1/2 NS)을 주어 탈수를 치료함.

▸ **영양상담**

① 2년 전까지 체중은 65kg을 유지, 최근에 와서 체중 감소가 현저하다는 것을 느낌. 상담 중 이야기는 자유롭게 하였으며, 체중 감소에 관하여서는 별로 관심을 가지고 있지 않은 듯함.

② 집 근처에는 식료품점도 많으며, 부엌에서의 조리 시설도 비교적 잘 갖추어져 있음. 본인이 음식을 만들기도 하나 기관지 천식으로 인하여 이러한 활동이 제한됨.

③ 할머니 자신이 음식을 만들 수도 있으나 식욕부진과 치아(어금니는 2개만 남음) 부실로 인해 씹기에 문제가 있음.

④ 보통의 식사 패턴

(아침) 설탕을 2작은 찻숟가락으로 넣은 커피 한 잔, 찬 우유에 탄 시리얼 한 그릇, 오렌지주스 반 컵

(점심) 치즈 한 장을 넣은 샌드위치 반쪽, 우유 1컵

(저녁) 삶은 채소 무친 것 반 컵, 곡류죽 반 그릇

⑤ 식사상담에 대하여 개선하려고 노력하는 경향을 보임.

⑥ 영양판정 자료키: 157cm

몸무게: 35kg

Lab Data

처치 전 입원당시 자료	1일	2일	3일
Na	143.0	139.0	136.0
K	4.9	4.3	3.4
BUN	57.0	39.0	20.0
Cl	1.0	0.8	0.9
Albumin	3.6	?	?
Mg	1.5		
Phosphate	3.0		

▸ 질문 1. 최 할머니의 체중 감소의 원인에 관련된 요소는 무엇인가?

▸ 질문 2. 최 할머니의 lab data 중 Albumin 수치는 어떻게 변화될 것으로 예상되며 그 이유는 무엇인가?

▸ 질문 3. Triceps skinfold와 mid-arm muscle circumference 측정치는 필요하다고 보는가?

참고지침

① 생화학적 혈액 분석치를 검토해보면 탈수치료의 목적으로 투여된 포도당 용액으로 인해 혈액 분석자료의 변화가 있음을 알 수 있다.

② Herris-Benedict식을 이용하여 할머니의 영양필요량을 산정해보도록 한다. 섭취량과 필요량의 비교분석이 가능하다.

③ 체중 변화 정도를 계산해 본다.

실습 예제 2. 병원 환자의 영양평가 실습 (2)

정 할아버지는 69세로 약간의 치매가 있으며, 저혈압(hypotension)과 최근 2주 정도 소화불량 증세와 혈변이 발견되었으며, 약 6개월에 걸쳐 6kg 정도의 체중 감소가 관찰되었다. 과거 병력으로는 4년 전 소화기상부 출혈이 있었으며 약간의 치매와 고혈압(hypertension), 성인성 당뇨증(adult onset diabetes)과 관절염(arthritis)이 있었다.

▸ 병원에서의 치료 및 처치

① 상부식도에 튜브를 끼웠으며, 여기로부터 커피색의 분비물이 관찰되었다.

② 내시경 조사를 해본 결과 약간의 피가 스며 나오는 식도염이 있었으며 혈전이 형성된 십이지장 궤양이 관찰되었다. 3일간 10unit 정도의 수혈을 하였다.

③ 4일째 다시 출혈이 있었으며 저혈압이 나타났다. 응급실로 옮겨 혈관수축제를 투여하였다.

▸ 영양상담

정 할아버지의 키는 168cm이며 일상 체중은 약 86kg이었다. 정 할아버지는 자신의 체중 감소에 대하여 부인하였으며, 집에서는 일상의 식사를 잘하고 있다고 이야기하였다. 그러나 가정에서 식사 내용에 대하여서는 자세히 이야기하기를 거부하였다. 인터뷰 중에 약간씩 정신이 혼돈되는 것이 관찰되었다. 병원에 입원 중인 것을 의식하지 못하였으나 사람은 알아보는 정도였다. 정 할아버지는 가족이 없이 혼자 살고 있었다.

▸ 영양판정 자료

키	차트에 기록되지 않음
몸무게	80kg
삼두근 피부 두겹(tricep skin fold, TSF)	11mm

상완 근육 둘레(mid arm muscle circumference, MAMC)	26.5cm
알부민(albumin)	2.5g/dL
백혈구(white blood cells)	$9.5 \times 10^3 \mu L$
림프구(lymphocyte)	3%

▸ 질문 1. 정 할아버지의 신체 측정치를 통하여 영양평가를 간략히 내려보시오.

▸ 질문 2. 생화학적 분석치 자료를 볼 때 어떠한 영양판정을 내릴 수 있는가?

▸ 질문 3. 정 할아버지의 경우 식사에 대하여 상담하기를 거부하였다. 신체측정치와 생화학적 분석치를 통하여 최근의 영양 상태에 관하여 평가해 보시오.

참고지침

① Harris-Benedict식을 이용하여 열량 필요량을 계산해 본다.

② 현재의 영양섭취 수준을 추정 비교해 보자. 팔꿈치 넓이와 TSF 측정수치를 참고로 영양판정 이론편(p.102 표 3-10)에 제시된 참고 기준치와 비교하면 현재까지의 영양섭취상태를 추정할 수 있다.

③ 단백질과 열량을 중심으로 평가하도록 한다. MAMC와 혈액단백질 수준을 평가하면 단백질 과부족 여부를 알 수 있다.

실습 예제 3. 영양치료과정(NCP) 적어보기

▸ **질문. 다음 환자의 영양판정자료(초기 및 추구관리)를 근거로 영양 필요량, 영양진단과 영양중재 방법을 제시하고 영양 모니터링 및 평가하시오(대한영양사협회 국제임상영양표준용어 지침서 참조).**

이름 : 이 ○ ○　(병록번호 : 00000000)　　성별/나이 : 남 / 83

1차 방문일 : 2○○○년　3월　5일

영양판정	
환자 과거력	주진단 및 주증상: 경피적 위루관 삽입 예정으로 이를 통한 장관영양 공급 계획 수립을 위해 의뢰됨. 병력: 16년 전 비인강암 진단받고, 방사선치료 후 방사선골괴사에 의한 우측 하악골의 골절로 개방정복술 및 내고정술(open reduction and internal fixation), 이후 4차례 부골적출술(sequestrectomy) 시행하고, 외래 추구 관리 중에 피판 괴사(flap necrosis)로 재건술 위해 입원함. DM(-), HTN(-) 기타 특이사항: 괴사 부위 누출로 경구 섭취가 어려움
신체계측	Ht : 161 cm　Wt : 49.7 kg　IBW: 57 kg　PIBW: 87 % BMI: 19.2 kg/m²　Usual Wt: 53 kg　Wt change: 3.3kg loss for recent 6 month
생화학적 자료 의학적 검사와 처치	Labs: (2○○○. 3. 5) Glucose 87mg/dL, Albumin 3.0g/dL, T-chol. 141mg/dL BUN/Cr 12.8/0.6 mg/dL, Na 131mmol/L, K 3.7mmol/L Hb 11.8g/dL, Hct 33.2%, TLC 1,372cell/mm³
영양관련 신체 검사 자료	• 소화기 관련 증상: 구강으로 유동식 형태의 음식 섭취 중이나 섭취한 음식이 피판 괴사 부위로 흘러나오고 자주 사레에 걸렸다고 함. • 활력 증후: 혈압 124/78mmHg
식품/영양소와 관련된 식사력	• 식사처방 및 식사관련 경험 및 환경 – 6개월 전 입원 시 비위관을 통한 장관영양 섭취했었으나 장관영양에 대한 교육 경험(-) • 식품 및 수분/음료 섭취 – 현재 섭취: 금식 중으로 정맥영양 공급 중(1,200kcal, 84g pro.) – 평소 섭취: 매끼 우유 400mL+선식+견과류 1교환단위+단백질 보충제 10g 고단백 영양보충음료 1캔, 요구르트 1개, 채소주스 1개, 깨미음 200mL 씩 3회 • 에너지 및 영양소 섭취량 – 에너지 1,600kcal, 단백질 100g *실제 섭취량은 이보다 적을 것으로 평가됨. • 지식/신념/태도: 열심히 먹으려고 했으나 입으로 새어 나오고 사레도 자주 걸렸다고 함. 과거 입원 시 비위관을 통해 장관영양 섭취한 적 있으나 콧줄이 불편했고, 입으로 먹는 것이 더 좋지 않냐고 반문함. • 약물과 약용 식품 보충제, 생리활성물질: 섭취하지 않음. • 알코올 섭취 및 흡연: 음주(-), 흡연 30년 전 중단 • 신체적 활동 및 기능: 문제없음
영양 필요량	에너지 : ________ kcal　(기준체중, 산출근거) 단백질 : ________ g　(기준체중, 산출근거)

영양진단

문제	원인	징후 / 증상

영양중재

<table>
<tr><td>영양처방</td><td colspan="3">에너지 : ________ kcal
단백질 : ________ g</td></tr>
<tr><td rowspan="5">영양중재</td><td colspan="3">□식품/영양소 제공 □영양교육 □영양상담 □다분야 협의</td></tr>
<tr><td>영양진단</td><td>중재내용</td><td>목표 / 기대효과</td></tr>
<tr><td></td><td></td><td></td></tr>
<tr><td></td><td></td><td></td></tr>
<tr><td></td><td></td><td></td></tr>
<tr><td>제공 교육자료</td><td colspan="3">경관유동식 관리 방법</td></tr>
<tr><td>Fallow up 일정</td><td colspan="3">- 장관영양 시작 3일 후 부적응증 모니터링
- 1개월 후 f/u 예정</td></tr>
</table>

경과

1차 영양상담 다음 날인 3월 6일 수술 예정이었으나 고열 및 상기도 감염 증상으로 수술이 취소되었고, 3월 7일 PEG tube 삽입 후, 3월 9일에 퇴원함(장관영양 900kcal까지 증량된 상태로, 부적응증은 없었음). 퇴원 3주 뒤인 4월 1일 연기되었던 수술 시행을 위해 재입원함.

2차 방문일 : 2○○○년 4월 1일

영양판정	
신체계측	Ht 160cm, Wt 53.1kg, IBW 57kg, PIBW 93.2%, BMI 20.5kg/m^2 Wt change: 3.4kg gain for 1month
생화학적 자료 의학적 검사와 처치	Labs : (2○○○년 4월 1일) Glucose 98mg/dL, Albumin 3.3g/dL, T-chol. 156mg/dL BUN/Cr 20.7/0.65mg/dL, Na 134mmol/L, K 3.3mmol/L Hb 13.3g/dL, Hct 38.2%, TLC 2,270cell/mm^3
영양관련 신체 검사 자료	• 소화기 관련 증상: 장관 영양액 주입 후 상복부 통증 호소, 배변 양상은 무른 변 하루 3~4회
식품 / 영양소와 관련된 식사력	• 식품 및 수분/음료 섭취: 퇴원 이후 고단백 장관영양액 하루 3번, 3캔씩 총 9캔 섭취 유지함. • 에너지 및 영양소 섭취량 – 에너지 1,800kcal, 단백질 108g • 지식/신념/태도: 3주전 퇴원 후 장관영양액 유지했고, 체중 증가를 위해 처방량보다 1캔 (200kcal) 더 주입함. • 약물과 약용 식물 보충제, 생리활성물질: 없음 • 알코올 섭취 및 흡연: (–) • 신체적 활동 및 기능: 거의 집안에서 누워 있으나 기능상 문제없음
영양 필요량	에너지 : __________ kcal (기준체중, 산출근거) 단백질 : __________ g (기준체중, 산출근거)

영양모니터링 및 평가		
모니터링 목표	결과 (목표 달성의 장애 요인)	목표 달성 여부
		□ 목표 달성 □ 목표 일부 달성 □ 상태 불변 □ 부정적 결과 도출
		□ 목표 달성 □ 목표 일부 달성 □ 상태 불변 □ 부정적 결과 도출

영양진단		
문제	원인	징후 / 증상

영양중재			
영양처방	에너지 : ________ kcal 단백질 : ________ g		
영양중재	□식품/영양소 제공 □영양교육 □영양상담 □다분야 협의		
	영양진단	중재내용	목표 / 기대효과
제공 교육자료	–		
Fallow up 일정	1주일 후 f/u		

참고문헌

- 김화영, 강명희, 양은주, 이현숙, 영양판정, 교문사, 2013
- 서정숙, 이종현, 윤진숙, 조성희, 최영선, 영양판정 및 실습, 파워북, 2014
- 이영미, 김정현, 영양평가 및 실습, 효일, 2009
- 이정원, 이미숙, 김정희, 손숙미, 이보숙, 영양판정, 교문사, 2011
- 이호선. 임상영양사를 위한 질환별 FOCUS XVI. 영양불량 환자의 임상영양 치료 국민영양 36(6): 12-18, 2013
- 윤소윤. 임상영양사를 위한 질환별 FOCUS VIII. 당뇨병 환자의 영양관리 사례- 국민영양 35(8): 20-24, 2012
- 대한영양사협회. 국제임상영양표준용어 지침서. 2011
- 한경희, 신체계측 방법에 의한 거동이 제한된 노인들의 신장과 체중 추정, 한국영양학회지 28(1):71~86, 1995
- 한국영양학회·보건복지부·식품의약품안전청, 2010 한국인 영양섭취기준, 2010
- 한국영양학회, CAN-Pro 4.0 (전문가용), 2011
- 의학서원 편집부, 강은희 역, 보건의료인을 위한 임상영양학, 의학서원, 2012
- 대한영양사협회, 식사계획을 위한 식품교환표, 2010
- 대한영양사협회, 영양상담지침서, 2010
- ㈜인바디, www.inbody.com
- 대한적십자사 혈액관리본부, www.bloodinfo.net
- 대한영양사협회, www.dietitian.or.kr
- 대한영양사협회, 국제임상영양 표준용어 지침서, 대한영양사협회, American Dietetic Association, 2011
- Ball S et al., Measurement in Physical Education and Exercise Science, 2006

- Detsky AS. McLaughln JR. Baker JP Johnston N. Whittaker S. Mendelson RA. Jeejeebhoy KN, What is subjective global assessment of nutrition status? JPEN 11:8-13, 1987
- Chumlea WC, Guo SS, Roche AF, Steinbaugh ML, Prediction of body weight for the nonambulatory elderly from anthropometry. JADA 88:564~568, 1988
- Chumlea WC, Guo SS, Steinbaugh ML, Prediction of stature from knee height for black and white adults and children with application to morbidity-impaired for handicapped persons. JADA 94:1385~1388, 1994
- Gibson BS, Principles of Nutritional Assessment 2nd ed, Oxford University Press, 2005
- Jackson AS, Pollock ML, Ward A. Generalized equations for predicting body density of women. Med Sci Sports Exerc 12:175-81, 1980
- Jackson AS, Pollock ML. Generalized equations for predicting body density of men. Br J Nutr 40:497-504, 1978
- Lee RD, Nieman DC, Nutritional Assessment 5th ed, McGraw-Hill Higher Education, 2010
- Slaughter MH, Lohman TG, Christ CB, Boileau RA. An objective method for measurement of musculo-skeletal size in children and youth. J Sports Med Phys Fitness. 27:461-72, 1987
- Marcia Melms, Kathryn P. Sucher, Karen Lacey, Sara Long Roth, 이명숙 역, 임상영양학 임상영양사를 위한 영양치료, 양서원, 2012
- Williams MH, Nutrition for Health, Fitness, and Sport, 2002

저자소개

이영미

- 연세대학교 가정대학 식생활학과 졸업
- 연세대학교 대학원 석사, 박사
- 現) 가천대학교 식품영양학과 교수

김정현

- 연세대학교 생활과학대학 식품영양학과 졸업
- 연세대학교 대학원 식품영양학 석사, 박사
- 現) 배재대학교 가정교육과(식품영양전공) 교수

박은주

- 연세대학교 생활과학대학 식품영양학과 졸업
- 연세대학교 대학원 식품영양학 석사
- 비엔나 국립대학교(University of Vienna) 영양학 박사
- 現) 경남대학교 식품영양학과 교수

이승민

- 연세대학교 생활과학대학 식품영양학과 졸업
- 미네소타주립대학교(University of Minnesota) 영양학 석사, 박사
- 現) 성신여자대학교 식품영양학과 부교수

영양판정 실습편

발 행 일	2017년 2월 13일 초판 인쇄 2017년 2월 20일 초판 발행
지 은 이	이영미 · 김정현 · 박은주 · 이승민
발 행 인	김홍용
펴 낸 곳	도서출판 효일
디 자 인	에스디엠
주 소	서울시 동대문구 용두동 102-201
전 화	02) 460-9339
팩 스	02) 460-9340
홈 페 이 지	www.hyoilbooks.com
E m a i l	hyoilbooks@hyoilbooks.com
등 록	1987년 11월 18일 제6-0045호
정 가	11,000원
I S B N	978-89-8489-424-2